エリック・R・カンデル
高橋洋 訳

なぜ脳はアートがわかるのか
現代美術史から学ぶ脳科学入門

Reductionism in
Art and Brain Science
Bridging the Two Cultures
Eric R. Kandel

青土社

なぜ脳はアートがわかるのか　目次

なぜ脳はアートがわかるのか　現代美術史から学ぶ脳科学入門

コロンビア大学に二つの文化を橋渡しするための環境を整えてくれたリー・ボリンジャーに本書を捧げる。

謝辞

コロンビア大学学長に就任するにあたり、リー・ボリンジャーは一連のシンポジウムを開催した。その一つが、「知覚、記憶、そしてアート」と題するものであった（二〇〇二年一〇月三日）。そのおり私は、本書が提起する理論の萌芽となる考えを、「記憶の分子生物学に向けたいくつかのステップ——科学の劇的な還元主義とアートの劇的な還元主義の並行性」という演題のもとで講演を行なった。そしてこの講演の改訂版が、『ニューヨーク科学アカデミー年報』に「科学の劇的な還元主義とアートの劇的な還元主義の並行性」というタイトルで掲載された。

鑑賞者のシェアに関しては、前著『芸術・無意識・脳——精神の深淵へ：世紀末ウィーンから現代まで』の、とりわけ11章から18章で、具象芸術という文脈のもとで論じた。キュビストの作品に対する鑑賞者の反応については、『キュビズム——レナード・A・ローダーコレクション（*Cubism: The Leonard A. Lauder collection*）』（Metropolitan Museum of Art, 2014）所収の「鑑賞者のシェアに対するキュビストの挑戦」と題する論文で論じた。また本書は、私のほかに、ジェームズ・H・シュウォーツ、トーマス・M・ジェセル、スティーヴン・A・シーゲルバウム、A・J・ハズペスが編集した『カンデル神経科学』(New York: McGraw Hill, 2012) で取り上げられている議論にも依拠している。なお、その他の参考文献については、巻末の「参考文献」を参照されたい。

本書を執筆するあたり、私は何人かの同僚や友人のコメントや批判から大きな利益を得ている。とりわけコロンビア大学の同僚トム・ジェセル、才能ある美術史家エミリー・ブラウンとペペ・カーメル、視覚神経科学者のトーマス・オルブライトによる、本書の初期の草稿に対する詳細で思慮深い批判には多くを負っている。またトニー・モヴション、ボビー&バリー・カラー、マーク・チャーチランド、デニス・カンデル、マイケル・シャドレン、ルー・ローズらによる有益なコメントも、大いに役立った。解釈レベル理論に目を向けるよう促してくれた私の同僚、ダフナ・ショハミーとセリア・ダーキンにもお礼の言葉を述べたい。これまでにも私の二冊の本を担当し、本書でも鋭い目と洞察力を遺憾なく発揮して編集していただいた編集者のブレア・バーンズ・ポッターに、もう一度深く感謝したい。また私の長期にわたる共同研究者で、アートプログラムの実施や本書の一部の執筆を支援してくれたサラ・マックにも、多くを負っている。最後に、忍耐と注意深さをもって本書の初期の草稿をタイプし、本書に掲載されているすべてのアート作品に関して許可をとってくれたポーリーン・ヘニックにも感謝の言葉を述べたい。

はじめに

一九五九年、のちに小説家になる分子物理学者のC・P・スノー（図i・1）は、欧米の知的世界が、世界の物理的な本質に関心を抱く科学の文化と、人間の経験の本質に関心を抱く、文学や芸術（アート）をはじめとする人文文化という二つの領域に分裂していると主張した。両文化を経験してきたスノーは、この分裂が、どちらの陣営も相手の方法や目的を理解していないために生じたと結論づけた。彼の主張によれば、人知を発展させ、社会に資するために、科学者と人文主義者（ヒューマニスト）は、二つの文化のあいだに横たわる溝を埋める方法を発見しなければならない。彼がケンブリッジ大学の、権威あるロバート・レデ講義で提起した課題は、それ以来、その達成方法をいかにすれば見つけられるのかをめぐって大きな論議を巻き起こしてきた（Snow 1963; Brockman 1995）。[*1]

図i・1　C・P・スノー（1905-1980）

本書の目的は、これら二つの文化が遭遇し、互いに影響を及ぼし合うことのできる接点に焦点を絞って、二文化間の溝を埋めるための方法を提示することにある。この接点は、最新の脳科学と現代美術のあいだに存在する。脳科学も抽象芸術も、直接的かつ説得力のある方法で、人文的思考の中核をなす問いの解明や目標の達成に取り組んでいる。それにあたって両者が用いている方法には、驚くほど多くの共通点を見出すことができる。

アーティストの人文的な関心はよく知られるところだが、本書で私は、学習や記憶の研究を例にあげつつ、脳科学も人間存在に関する深遠な問題に答えようとしているのだという点を示したい。記憶は世界の理解と、自己のアイデンティティの基盤を提供する。記憶の分子的、細胞的な基盤の理解は、自己の本質の理解に向けての一つのステップをなす。それに加え、学習や記憶の研究によって、脳は世界と関係しながら、学習、学んだことの記憶、そして記憶(過去の経験)の想起のための高度に特化したメカニズムを進化させてきたことが明らかにされている。アートに対する反応でも、まさにこのメカニズムが中心的な役割を果たしている。

芸術作品の制作は人間の想像力の純粋な表現としてとらえられることが多いが、抽象画家は、科学者が用いているものに似た方法を動員することで目標を達成しているという点を、本書で示していく。一九四〇年代から五〇年代にかけて活躍したニューヨーク派の抽象表現主義アーティストたちは、視覚経験の限界を探究し、視覚芸術の定義そのものを拡張しようとしていたグループの一例である。[*2](二文化間の溝を埋めようとする、それ以前の試みについてはE.O. Wilson 1977; Shlain 1993; Brockman 1995; Ramachandran 2011を参照されたい)

二〇世紀になるまで、西洋美術は自分たちが親しんできたイメージを用いて、世界を三次元的な視点から描いていた。抽象芸術はこの伝統を断ち、私たちにとってまったく馴染みのない方法で、形、空間、色の相互の関係を探究するようになった。世界を表現するための、このまったく新たな手法は、アートに寄せる私たちの期待に根本から挑戦した。

　ニューヨーク派の画家は、この目標を達成するために探索的、実験的なアプローチをとることが多かった。彼らは、イメージを形態（フォルム）〔[form]はアートをめぐる文脈で使われている場合には「フォルム（形、形状を意味する）」と、それ以外の文脈では「形態」と訳す〕、線（ライン）、色、光から構成される基本要素に還元することで視覚表象の本質を探究していた。私はニューヨーク派のアプローチと、科学者が用いている還元主義的アプローチの類似性を、アーティストが具象芸術〔見て意味のわかる形象を用いた芸術で、たとえば肖像画、風景画などがそれにあたる〕から抽象芸術へと転向していく経緯に着目することで探究している。それにあたり私がとりわけ注目しているアーティストは、初期の還元主義的な画家ピエト・モンドリアンと、ニューヨーク派の画家ウィレム・デ・クーニング、ジャクソン・ポロック、マーク・ロスコ、モーリス・ルイスである。

　「～に連れ戻す」を意味するラテン語の「*reducere*」に由来する「還元主義（reductionism）」という用語は、必ずしも「より限定された尺度での分析」を意味するわけではない。科学における還元主義は多くの場合、より基本的かつ機械論的なレベルで一つひとつの構成要素（コンポーネント）を調査することで複雑な現象を説明しようとする。個々のレベルで意味を理解することは、より包括的な問い、つまりいかに個々のレベルが組織化され統合化されて、高次の機能が構築されているのかという問いを探究するための道を開いてくれる。かくして科学における還元主義は、一本の線や複雑な場面の知覚にも適用できるし、強い感情を喚起する芸術作品の知覚にも適用できる。それはまた、巧みな筆さばきによって、生身の人間よりはるかに生き生きとした個人の肖像を描ける理由や、特定の色の組み合わせによって、落ち着きや不安や高揚の感覚が喚起されうる理由も説明してくれる。

アーティストは一般に、還元主義的アプローチをさまざまな目的で用いている。具象的要素を還元することで、フォルム、線、色、光などの、作品の基本コンポーネントを分離して知覚できるようにする。かくして分離されたコンポーネントは、複雑なイメージでは可能ではないようなあり方で、鑑賞者の想像力のさまざまな側面に働きかける。それによって鑑賞者は、作品の持つ意外な関係や、おそらくはアートと世界の知覚の新たな結びつき、さらには芸術作品と記憶から喚び起こされた過去の経験の新たな結びつきを知覚するよう促されるのだ。アートにおける還元主義的アプローチは、スピリチュアルな反応を鑑賞者に引き起こす力さえ持っている。

本書の中心主題は、「科学者とアーティストが用いている還元主義的アプローチは、目的こそ互いに異なっていても（科学者は複雑な問題を解くために、また、アーティストは鑑賞者に新たな知覚的、情動的反応を喚起するために還元主義を用いる）、その方法は似通っている」というものだ。たとえば第5章で論じるが、J・M・W・ターナーは、雷雲が空を覆い雨が降り注ぐ悪天候をついて遠くの港に向かって進んでいく船を描いている。彼は数年後に、この格闘を描き直し、船と嵐をもっとも基本的なフォルムへと還元している。彼のこのアプローチは、鑑賞者に創造力を用いて細部を埋めるよう促すことで、波浪にもてあそばれる船と自然の力の対比をより鮮明に伝えることに成功している。言うまでもなく、彼がかくして視覚の限界を探究している理由は、視覚の基盤をなすメカニズムを説明するためではなく、鑑賞者を十全に作品に関与させるためである。

生物学や、脳科学に有用なアプローチは、還元主義だけではない。重要かつときに決定的なものにもなる洞察は、いくつかのアプローチを結びつけることで得られる。そのことは、コンピューターを使った理論的分析を用いてなし遂げられた脳科学の進歩にはっきりと見て取ることができる。実のところ、脳科学研究における主たる前進は、心の科学である心理学が脳の科学である神経科学に接合された、一九七〇年代に起こった科学の統合によってなし遂げられた。そしてこの統合は、「私たちはいかに知覚し、学習し、記憶するのか?」「情動、共感、意識の本質は何か?」など、私たち自身に関する一連の問いに科学者が取り組むことを可能にする、新たな心の生物学として結実したのである。この新たな心の科学は、人間を人間たらしめているものに関する理解を深めるだけでなく、脳科学と、芸術をはじめとする他の知の分野の意味ある対話を可能にしてくれるはずだ。

科学は、より徹底した客観性、自然界の諸事象のより正確な記述へと導いてくれる。科学的分析は感覚経験の解釈の方法の一つとして芸術作品の知覚を探究することで、脳が芸術作品をいかに知覚しそれに反応するのかを原理的に説明し、また、この経験が周囲の世界に関する日常的な知覚をいかに超越するのかを示す洞察を与えてくれる。この新たな心の生物学は、脳科学から芸術やその他の知の領域に至る架け橋を築くことで、人間自身に関する理解を深めることを目指している。この試みが成功すれば、芸術作品に対する私たちの反応や、おそらくは芸術作品がいかに創造されるのかについて、よりよく理解できるようになるだろう。

アーティストが用いている還元主義的アプローチに着目することは、芸術に対する私たちの関心を矮小化し、より深い真理の認知をないがしろにする結果につながるのではないかと懸念する研究者もいる。私の見解はそれとは逆だ。アーティストが用いている還元主義的な方法を正しく評価することは、芸術に対する私たちの反応の豊かさや複雑さを矮小化するものでは決してない。むしろ、本書で取り上げるアーティストたちは、還元主義的アプローチを用いて、芸術的創造性の基盤を探求し、それに光を当ててきたのである。

アンリ・マティスが述べたように、「私たちは、思考と具象的要素を単純化することで喜びに満ちた平穏へと近づくことができる。思考を単純化して喜びの表現を獲得すること、それこそが、私たちが行なっている唯一の営為なのだ」

I　ニューヨーク派で二つの文化が出会う

第1章　ニューヨーク派の誕生

第二次世界大戦終結後、何人かのアーティストが、世界史上でかくも大きな悲劇が起こった時期、すなわちホロコーストの恐怖、戦場における人命の甚大な喪失、広島、長崎への原爆投下が起こった時期にあって、芸術にいかなる意味が残されているのかを問い始めた。どんな視覚言語が、かくも変わり果てた世界を描写できるのか？　アメリカの多くのアーティストは、かつてないものを創造しなければならないと感じていた。当時の偉大なアーティストの一人バーネット・ニューマンは、そのような状況に対する自分や仲間のアーティストの反応について、「たった今私たちは、記憶、連想、ノスタルジア、伝説、神話など、西洋絵画のあらゆる装置がもたらしている障害から自己を振りほどこうとしている」と述べた。

ヨーロッパの影響を免れようと試みるなかで、アメリカのアーティストたちは、アメリカのアートとしては史上初めて国際的な評価を勝ち取ることになる抽象表現主義を生んだ。具象芸術から抽象芸術へ移行することで、ウィレム・デ・クーニング、ジャクソン・ポロック、マーク・ロスコを筆頭とするニューヨーク派の画家と彼らの仲間モーリス・ルイスは、還元主義的アプローチを採用した。つまり物体やイメージを、その豊かさをまるごととらえて描くのではなく、解体して、その一つ、もしくはせいぜい二、三の構成要素（コンポーネント）に焦点を絞り、新たな方法でそれらのコンポーネントを探究することで豊かさを見出そうとするようになったのである。

一九四〇年代から五〇年代にかけて活躍したニューヨーク派のアーティストたちは、知識人や画廊経営者から成る、強い影響力を持つグループに支持されていた。ニューヨークには、一九三〇年代後半から四〇年代前半にかけて、ヨーロッパの大勢の精神分析家、科学者、医師、作曲家、音楽家、さらにはピエト・モンドリアン、マルセル・デュシャン、マックス・エルンストらのアーティストが、ヨーロッパの戦乱を逃れてやって来ていた。彼らは、一九二九年にニューヨーク近代美術館が、また一九三九年にグッゲンハイム美術館が開設され、ペギー・グッゲンハイムやベティ・パーソンズらの裕福で先見の明のある画廊経営者が登場するようになった直後にニューヨークに渡って来たのだ。これらの美術館、画廊、移民アーティストは、その精神、スケール、個人の自由の表現という点で、アメリカを代表する最初の前衛的（アバンギャルド）な画家の流派としてニューヨーク派を喧伝した。

このような流れによって、現代美術の中心はパリからニューヨークに移った。一九〇〇年の時点ではパリが芸術の世界の新しいエルサレムだったのが、一九四〇年代後半にはニューヨークがその地位を占めていたのだ。第二次世界大戦が勃発したときにヨーロッパを脱出した、還元主義の開拓者モンドリアンは、抽象芸術の事実上の宣言書（マニフェスト）で、この変化について述べている。「大都市（メトロポリス）では、美はより数学的な語彙で語られる。だから新たなスタイルが誕生すべき場所は、メトロポリスなのだ」(Spies 2011; 6:360)。現代美術の学徒ロジャー・リプシーは、一九四〇年代のこの時期を「アメリカのエピファニー」、すなわちアートに内在する神聖さが顕現した時期と呼んでいる。事実、デ・クーニング、ポロック、ロスコ、ルイスは、自分の作品が持つスピリチュアルな性質に公言している。

モダニスト運動の影響は、ハロルド・ローゼンバーグ（『ザ・ニューヨーカー』誌）やクレメント・グリーンバーグ（『パーティザン・レビュー』誌、『ザ・ネイション』誌）らの美術評論家が、その当時ニューヨークで活躍していたことで強められた。これらの美術評論家たちは、新たなアートについて考える斬新な方法を考案することでその動きに呼応したのだ。ちなみに彼らは、フォルムや動作（ジェスチャー）に焦点を絞り、絵画の空間、色彩、構造に複雑かつ十分な着眼点を見出そうとした（Lipsey 1988, 298)。美術史を専攻するコロンビア大学教授マイヤー・シャピロも、ニューヨーク派の絵画に対する美術評論家の熱狂を共有していた。彼は、当時のもっとも重要な美術史家で、アートに対する新たなアメリカ流アプローチの重要性を正しく評価した最初の美術史家でもあった。バーネット・ニューマンが指摘しているように、シャピロはアメリカ絵画を海外で大々的に擁護した最初の高名な学者であった。

ローゼンバーグ（図1・1）は、一九五二年に「アメリカのアクションペインターたち」と題する記事を『アートニュース』誌に掲載して世に知られるようになった。彼は、アメリカのアートが新たな方向に動き出していると見ていた。彼の記述によれば、画家たちはもはやアートの技術的な側面には関心を抱いておらず、画布（カンバス）を「行為するためのアリーナ」と考えていた。つまり「カンバス上で生まれるものとは、絵ではなくできごとである」と見なしていたのだ。ローゼンバーグによれば、重要なのは作品の形式的な質ではなく、創造的な行為であった。

「身振りによる抽象」に関する最初の一貫した概観を提示して非常に強い影響を世に与えたこの記事によって、ローゼンバーグは一九五〇年代前半の重要な美術評論家の一人として頭角を現した。アーティストの名前こそあげていないものの、彼の分析は、とりわけデ・クーニングとポロックにうまく当てはまる。ただし、ロスコ、ルイス、ケネス・ノーランドらのカラーフィールド・ペインティングの画家〔以下、「カラーフィールド画家」と訳す。なお、カラーフィールド画家については第9章を参照〕には、それほどうまく当てはまらない。

図1・1　ハロルド・ローゼンバーグ（1906-1978）

しかし、最終的にニューヨーク派の大志に火をつけたのは、グリーンバーグ（図1・2）であった。彼は、前衛芸術の世界で抽象芸術を優位に導いたとかつてより見なしていたデ・クーニングやポロックのみならず、色の組み合わせによって鑑賞者に強い情動や知覚の反応を喚起することを強調するカラーフィールド画家も評価し擁護した。「モダニズム＝パリ派」とほぼ断定的に定義されていた当時にあって、彼自身が「アメリカンスタイルペインティング」と呼ぶこの新たな潮流をほとんど一人で擁護した事実は、グリーンバーグに比類なき信頼性を与える結果になった（Danto 2001）。

ローゼンバーグとは異なり、グリーンバーグはポロックやロスコやニューヨーク派のカラーフィールド画家を、伝統を破るアーティストとしては見ていなかった。それどころか彼らの作品を、クロード・モネ、カミーユ・ピサロ、アルフレッド・シスレーを嚆矢とし、ポール・セザンヌを経て分析的キュビズムに至る絵画の伝統の頂点をなすものと見なしていた。この流れのなかで、ますます絵画は、セザンヌがその本性と見なしていたもの、すなわち平面的な構成に焦点を絞るようになっていった（Greenberg 1961）。一九五〇年代後半から六〇年代にかけて、次第にグリーンバーグは、慣例的なイーゼル画〔画架を用いた絵画〕に対するさらに革新的なアプローチを考案したと彼が見なす、カラーフィールド画家を重視するようになっていった。そのことは一九六四年の論文「抽象表現主義のあと」に顕著に認められる。

グリーンバーグやローゼンバーグとは異なり、シャピロ（図1・3）は特定の流派やアーティストを名指したわけではないが、美術史と芸術理論の該博な知識を用いて当時のアートの動きに影響を及ぼした。その結果、とりわけデ・クーニングら当時の著名なアーティストは、シャピロから劇的な影響を受けた。こうして抽象表現主義が全盛期を迎えた一九五〇年代から六〇年代にかけて、シャピロ、ローゼンバーグ、グリーンバーグは、当時のアメリカのアートを主導する声としての役割を果たしていた。

図1・2　クレメント・グリーンバーグ（1909-1994）

のちになると革新的な意図が前面に出てくるとはいえ、ニューヨーク派は一九三〇年代の具象芸術にその起源を持つ。彼らは皆、世界恐慌の最中に登場し、社会的リアリズムと地方主義的運動に影響された様式で絵を描くことから

図1・3　マイヤー・シャピロ（1904-1996）

キャリアを開始している。デ・クーニング、ポロック、ロスコ、ルイスら多くの画家たちは、一九三四年から一九四三年にかけて実施された連邦美術計画の恩恵を受けていた。この計画は、世界恐慌のさなかにあって、人々に仕事を与えることでアメリカ経済を再建しようとする、フランクリン・ルーズヴェルト大統領のニューディール政策の一環として行なわれたものであった。人々が不況にあえいでいた当時、アメリカ政府は公的プロジェクトにアーティストを動員する連邦美術計画を実施し、多数のアーティストを支援したのだ。その結果、彼らは生涯を通じて広く交流し影響を及ぼし合うようになったのである。彼らが築いたネットワークは、科学者による対話的で生産的なネットワークに非常によく似ていた。

ニューヨーク派の画家たちは互いに影響を及ぼし合っただけでなく、還元主義的アプローチを用いながらも具象に回帰したアレックス・カッツやアリス・ニールらの次世代のアーティストたちにも影響を与えた。またアンディ・ウォーホル、ジャスパー・ジョーンズにも影響を及ぼし、ポップアートの誕生を導いた。さらには還元の後に統合を行なうアプローチを追及し、それに成功したチャック・クローズ〔詳細は第12章参照〕にも、ニールやジョーンズとともに影響を与えた。

II

脳科学への還元主義的アプローチの適用

第2章　アートの知覚に対する科学的アプローチ

二〇世紀後半に系統的な脳科学が登場する以前は、研究者は心理学と、形成されつつあった視覚の理解に依拠して人間の心の働きを探究していた。そしてその焦点の一つは、人間的な活動の典型である芸術作品の創造や知覚がいかになされているのかに置かれていた。

そこでは、「創造的で主観的な経験たるアートを対象に、いかなる側面であれ客観的に研究することができるのか？」という問いが立てられていた。この問いに答えるためには、またこの問いの探究に抽象芸術がいかに関連するのかを理解するためには、私たちはまず、自然により近い形態で事物を提示する具象芸術に対する心の反応について、何が知られているのかを検討しなければならない。

具象芸術に対して私たちがどのように反応するのかという問いの解明に最初に取り組んだのは、ウィーン学派のアロイス・リーグル（図2・1）、エルンスト・クリス（図2・2）、エルンスト・ゴンブリッチ（図2・3）であった。三人は心理的な原理に依拠することで、美術史を科学的規範として確立しようとする試みを通じて、一九世紀後半から二〇世紀前半にかけて国際的な名声を博していた（Riegl 2000; Kris and Kaplan 1952; Gombrich 1982; Gombrich and Kris 1938, 1940; Kandel 2012）。

リーグルは、疑う余地がないにもかかわらずそれまでは無視されていた、芸術の心理的な側面を強調し、「芸術は鑑賞者の知覚と情動の関与なくしては完全たりえない」と主張した。私たちはアーティストと協調しながら、カンバスに描かれた二次元の具象イメージを、視覚世界を表す三次元の描写へと変えるのみならず、カンバス上に見たものを私的な語彙によって解釈し、絵に意味をつけ加える。彼はこの現象を「鑑賞者の関与（beholder's involvement）」と呼んだ。クリスとゴンブリッチは、リーグルの見方に加え、認知心理学、視覚の生物学、精神分析学の成果をもとに当時得られつつあった洞察に基づきつつ、この概念をめぐって新たな見方を築いていった。ゴンブリッチはそれを「鑑賞者のシェア（beholder's share）」と呼んでいる。

のちに精神分析家になるクリスは、視覚のあいまいさについての研究からキャリアを開始している。彼の主張によれば、いかなるものであれ強力なイメージは、アーティストの経験や葛藤から生じるがゆえにあいまいなものにならざるをえない。鑑賞者はこのあいまいさに対して、自分自身の経験と葛藤を介して反応し、アーティストによるイメージ形成の経験を控えめに追体験するのだ。アーティストにとっては、創造のプロセスは解釈的なものでもあり、また鑑賞者にとっては、解釈のプロセスは創造的なものでもある。鑑賞者の貢献度はイメージのあいまいさの度合いに左右されるので、具象芸術に比べて抽象芸術は、識別可能なフォルムを参照できないこともあり、鑑賞者の想像力により大きな負荷をかける。まさにこの負荷が、抽象芸術を人によっては理解困難なものにし、自己を拡大し超越する経験をそこに見出せる鑑賞者には価値あるものにしているのだろう。

逆光学問題——視覚の本質的な限界

ゴンブリッチは、絵画のあいまいさに対する鑑賞者の反応をめぐるクリスの考えを支持し、あらゆる視覚経験に適用した。その過程でゴンブリッチは、脳機能の基盤をなす必須の原理、具体的に

図2・1　アロイス・リーグル（1858-1905）

図2・2　エルンスト・クリス（1900-1957）

図2・3　エルンスト・ゴンブリッチ（1909-2001）

言えば「私たちの脳は、両目に投射された外界の不完全な情報を受け取り、完全なものにする」という原理を理解するようになった。

第4章で見ていくが、網膜に投射されたイメージは、最初に線や輪郭を記述する電気的なシグナルへと解体され、顔や物体を画する境界が生成される。このシグナルは、脳内を伝わるにつれ記録される。そして組織化に関する形態的（ゲシュタルト）な規則と既存の経験に基づいて再構築され、知覚イメージへと組み立てられる。驚くべきことに、私たちは誰でも、他者によって見られたイメージに著しく類似する、外界の豊かなイメージを構築することができる。まさしくこのような、視覚世界に関する内的表象の構築に、脳の創造的なプロセスの作用を見て取ることができる。ユニヴァーシティ・カレッジ・ロンドン・ウェルカムセンター・フォア・ニューロイメージングに所属するクリス・フリスは、次のように書いている。

> 私たちが知覚するものとは、外界から目や耳や指に当たってきた、未加工のあいまいな合図（キュー）なのではない。私たちは、もっとはるかに豊かなもの、すなわちそれらすべての未加工のシグナルと過去の豊かな経験を結びつけた像を知覚しているのである。（…）世界に関する私たちの知覚は、現実（リアリティ）と同時に生じる空想（ファンタジー）なのだ。（Frith 2007）

網膜に投射されたいかなるイメージにも、解釈の可能性が無数にあるということだ。英国人とアイルランド人の血を引く哲学者で、アイルランド国教会の主教を務めたジョージ・バークリーは、早くも一七〇九年に「私たちは物体そのものではなく、それに反射した光を見ている」と論じ、この視覚の問題の核心をとらえていた（Berkley 1709）。その結果、網膜に投射されたいかなる二次元イメージも、物体が持つ三つの次元のすべてを直接的に示すことはできない。ちなみにこの事実と、それがイメージの知覚についての理解にもたらす困難は、逆光学問題と呼ばれている（Purves and Lotto 2010; Kandel 2012; Albright 2013）。

逆光学問題が生じるのは、網膜に投射されたいかなるイメージも、大きさ、向き、対象までの距離が互いに異なるさまざまな物体によって生み出されうるからである。一例をあげよう。エッフェル塔のミニチュア模型を目の前まで近づけて見れば、そのイメージは形と大きさという点で、シャン・ド・マルス公園を隔てて遠方から眺めた実物のエッフェル塔と同じように見えるだろう。この例からもわかるとおり、知覚にとらえられたいかなる三次元物体も、現実世界におけるその起源が本質的に不確かなものにならざるをえない。この問題を十分に認識していたゴンブリッチは、「私たちが見ている世界は、誰もが何年もかけて行なっている実験によって徐々に築き上げられてきた構築物なのだ」というバークリーの主張を引用している（Gombrich 1960）。

脳は対象を正確に再構築するのに十分な情報を受け取っていないにもかかわらず、私たちはいつのときにもその種の再構築を行なっている。しかも、個人間で驚くほどの一致が認められる。なぜ、そんなことが起こりうるのか？　一九世紀の著名な生理学者で物理学者でもあったヘルマン・フォン・ヘルムホルツは、ボトムアップ情報とトップダウン情報という、情報の源泉に関する二つの概念を追加することで、逆光学問題を解決できると主張した（Adelson 1993）。

「ボトムアップ情報」は、脳の神経回路に生得的に備わっている計算プロセスによって提供される。この計算プロセスは、生物学的進化のおかげで、おもに誕生時に脳に組み込まれる普遍的な規則に支配されている。それによって私たちは、輪郭、線の交差や接合など、物理世界のイメージの主たる構成要素を引き出すことができるのだ。エドワード・アデルソン（Adelson 1993）、さらにデール・パーブス（Purves 2010）は、逆光学問題を再検討し、「人間の視覚システムは、第一にこの根本的な問題を解決するために進化したに違いない」と結論づけた。私たちはこの規則を用いて、物体や人や顔の識別、空間内におけるそれらの位置の同定、あいまいさの縮減、そして究極的には繊細さ、美、実践的価値を帯びた視覚世界の構築を行なうのである。その結果、各人の視覚システムは、環境からほとんど同じ基本情報を引き出す。これが、与えられた情報が不完全であいまいであるにもかかわらず、子どもでさえ、さまざまなイメージをきわめて正確に解釈できる理由であり、また、乳児が早い時期から人の顔を認識できる理由でもある。

　私たちは、これらの生得的な規則を自明のものとしてとらえている。たとえば私たちの脳は、「太陽は自分がどこにいようとつねに頭上に存在し、よって光は上方から差してくるはずだ」と認識している。錯視のようなそれに反する状況が生じると、脳は錯覚を起こすことがある。

　芸術の心理学を専攻するロバート・ソルソが述べるように、ボトムアップの知覚は、純粋に先天的な知覚の問題である。彼は次のように書く。「人は、一定の先天的な視覚様式を備えている。芸術を含め、視覚刺激は、最初にこの先天的な様式のもとで組織化され知覚される。因果関係を踏まえて言えば、先天的な知覚は感覚・認知システムに〈固定配線〉されているのだ」（Solso 2003）。ボトムアップの情報処理は、おもに低次ならびに中間レベルの視覚作用に依拠している（Kandel 2012）。これから見ていくように、抽象芸術は先天的な知覚の規則を転覆させ、具象芸術に比べてより広くトップダウン情報に依拠する。

「トップダウン情報」は、認知的影響や、注意、想像、期待、学習された視覚的関連づけなどといった高次の心的機能に関連する。感覚器官から受け取った混乱した情報のすべてを解明することは、ボトムアップ処理には土台不可能なので、脳は、残存するあいまいさを縮減するためにトップダウン処理を動員しなければならない。つまり私たちは、自分の経験に基づいて眼前のイメージの意味を推測しなければならないのだ。脳はこれを、仮説を立て検証することで行なう。トップダウン情報は、イメージを個人の心理的な文脈のもとに置く。それゆえ同じ対象を見ても、人によって異なる意味が伝達されるのである（Gilbert 2013; Albright 2013）。

またトップダウン処理は、無意識のうちに無関係と見なされている、視覚場面の構成要素（コンポーネント）の抑制に必須の役割を果たす。個々のイメージの認識は順次生じる。それゆえイメージを認識するためには、注意の焦点を次々と移しながら、関連するいくつかの視覚場面のコンポーネントを結びつけ、無関係なコンポーネントを抑制する必要がある。かくしてクリスが述べる鑑賞者のシェアの創造性は、おもにトップダウン処理から得られる。

知覚は、脳が外界から受け取った情報と、過去の経験や仮説の検証による学習に基づいて得られた知識を統合する。私たちは、必ずしも脳の発達プログラムに組み込まれているわけではないこの知識を動員して、あらゆる視覚イメージに影響を及ぼす。かくして私たちは、抽象芸術を鑑賞するとき、これまでに出会った人々やできごと、かつて目にした他の芸術作品の記憶など、現実世界における過去の経験全体をそれに関連づけるのだ。

フリスは、視覚の本質に関するヘルムホルツの洞察について次のように述べている。「私たちは、物理世界に直接アクセスする手段を持っていない。直接アクセスしているかのように感じられるかもしれないが、その感覚は脳によって生み出された幻想である」(Frith 2007)

ある意味で、カンバスに絵として表現されたものを見るためには、どんな種類のイメージが絵に描かれていると予想されるかについての知識を、私たちは前もって持っていなければならない。たとえば私たちは、自然や、何世紀にもわたり制作されてきた風景画に馴染むことで、フィンセント・ファン・ゴッホの筆づかいに小麦畑を、またジョルジュ・スーラの点描に芝生をたちどころに見出すことができる。このようにして、物理的リアリティや心理的リアリティをめぐるアーティストのモデリングは、日常生活でも生じている、本質的に創造的な脳の作用とも符合する。

第3章　鑑賞者のシェアの生物学（アートにおける視覚とボトムアップ処理）

鑑賞者のシェア、つまり芸術作品に対する私たちの反応について脳科学が何を教えてくれるのかを検討するためには、脳がいかに視覚経験を生み出すのか、また、ボトムアップ知覚へと処理されていく感覚シグナルが、トップダウン処理や、記憶や情動を司る脳システムによっていかなる影響を受けるのかを、理解しておかなければならない。まずボトムアップ処理を検討しよう。

あなたはおそらく、自分があるがままの世界を見ていると確信しているのではないだろうか？目に依存して世界から正確な情報を受け取り、自分は現実（リアリティ）に基づいて振る舞っていると思ってはいないだろうか？　目が私たちの行動に必要な情報を提供してくれることは確かだが、脳に完成品を送り届けてくれるわけではない。実のところ脳は、網膜に投射された二次元イメージから、世界の三次元構造に関する情報を積極的に引き出す。脳の機能の魔術的とも言えるすばらしさは、不完全な情報に基づいて物体を知覚し、しかも照明などの条件が著しく異なっていても同じ物体を同じ物体として認識できる、その能力にある。

脳は、いかにしてこの営為をなし遂げているのか？　脳の構造の主導原理は、「知覚、情動、運動に関するあらゆる心的プロセスは、脳の特定の領域に階層秩序に基づいて配置された一群の特化した神経回路に依拠する」というものだ。とはいえ、処々の脳の構造は、概念的にはあらゆるレベルで分離可能ではあるが、解剖学的、あるいは機能的に見た場合には互いに関連し合っており、したがって物理的に分離することはできない。

視覚システム

鑑賞者のシェアにおいては、視覚システムが中心的な役割を果たしている。このシステムはどのように組織化されているのか？　たとえば肖像画に描かれた顔を見るとき、視覚システムのどのレベルの組織が作用するのだろうか？

哺乳類、とりわけ人類において、高次の認知作用や意識にとってもっとも重要な領域は、著しくしわの寄った表層の脳領域、大脳皮質であると一般に見なされている。大脳皮質は、後頭葉、側頭葉、頭頂葉、前頭葉という四つの葉に分類することができる。それらのうち、脳の後方に位置する後頭葉は目から入って来た視覚情報が脳に入って来る領域であり、側頭葉は顔に関する情報が処理される領域である（図3・1）。

視覚とは、さまざまなイメージから何が視覚世界のどこに存在するのかを見出すプロセスをいう。このことは、脳が、「何が」に対応するプロセスと「外界のどこに」に対応するプロセスから成る、

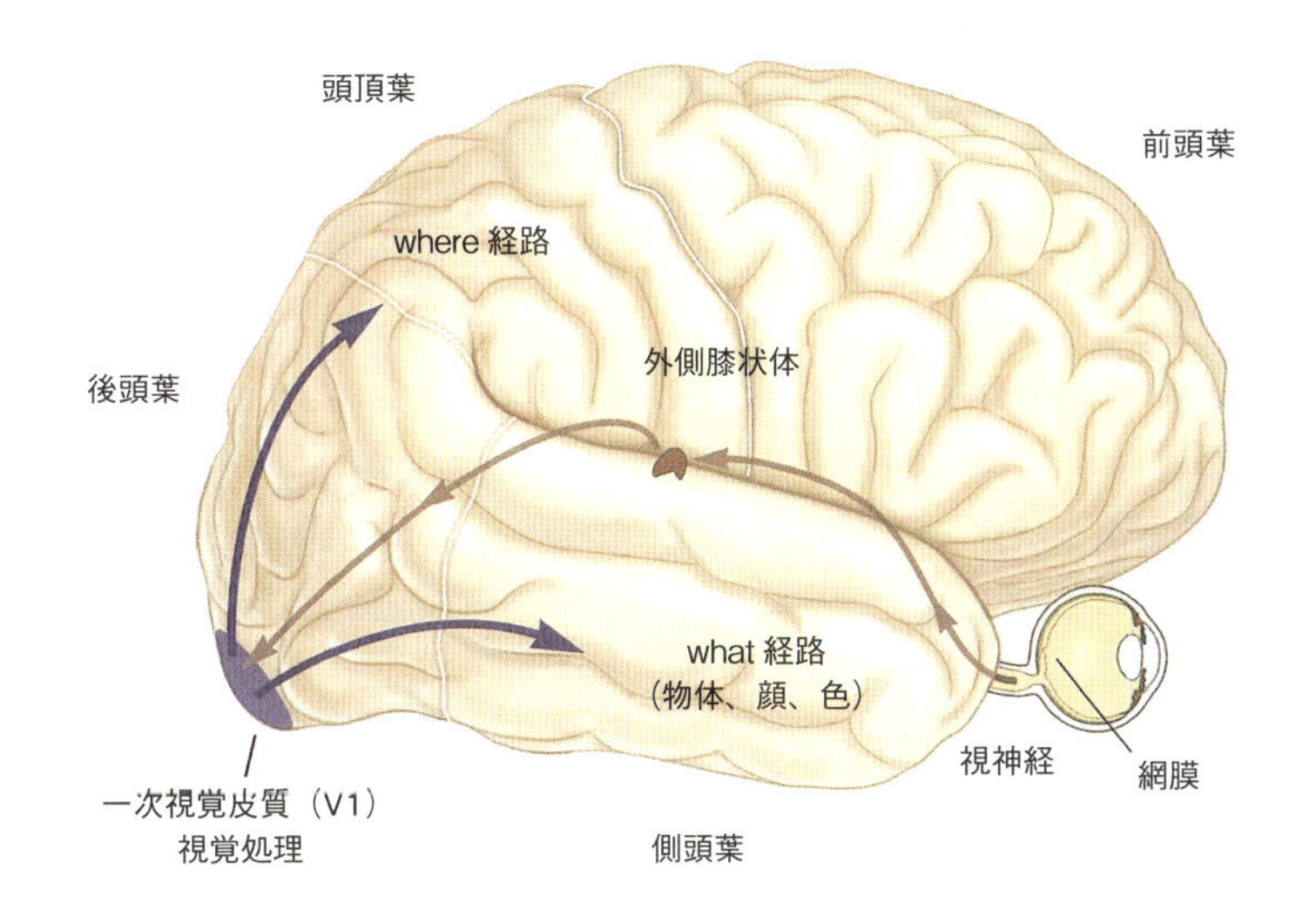

図３・１　視覚システム。情報は視神経を介して、網膜から外側膝状体へと流れる。外側膝状体は一次視覚皮質に情報を送る。経路は一次視覚皮質から二つに分かれる。Where 経路は物体や人がどこに位置しているのかを、What 経路はその物体（人）が何（誰）であるのかを示す情報に関与している。

並行する二つの処理の流れ(ストリーム)を備えていることを意味する。大脳皮質内に存在するこれら二つの並行する処理ストリームは、それぞれ「ｗｈａｔ経路」「ｗｈｅｒｅ経路」と呼ばれている（図３・１）。両経路とも、目の裏の感光細胞の層、網膜に端を発する。

視覚情報は反射光として始まる。人の顔や肖像画に描かれた顔に反射したものを含めて、光は目の角膜によって屈折したうえで網膜に当たる。それによって網膜上に投射されたイメージは基本的に、継時的、空間的に強度や波長が変化していく光のパターンとしてとらえられる（Albright 2015）。

網膜の細胞は、桿体(かんたい)と錐体という二つのタイプに分けられる。桿体は光の強度にきわめて敏感で、白黒の視覚に用いられる。それに対し錐体は、光にはそれほど敏感ではないが、色に関する情報を伝達する。錐体には三つのタイプがある。各タイプは、重なりはあるが異なる範囲の光の波長に反応し、可視の電磁波スペクトル内のあらゆる色を表現する。錐体は網膜の中心、すなわち詳細な視覚情報がもっともよくとらえられる中心窩と呼ばれる領域に主として分布する。それに対し白黒の視覚に特化した桿体は、網膜の周縁部により多く存在する。

網膜は視覚情報を外側膝状体に送る。外側膝状体は、視床に位置する一群の細胞で、一次視覚皮質（Ｖ１、線条皮質とも呼ばれる）へと情報を中継する、脳の奥深くに存在する構造である。一次視覚皮質は脳の後方にある後頭葉に位置し、視覚情報はそこから脳に入って来る（図３・１）。視覚処理研究の開拓者の一人である、ユニヴァーシティ・カレッジ・ロンドンのセミール・ゼキによれば、「要するにＶ１は、郵便局のように機能する。つまりさまざまなシグナルを多数の送り先に配達するのだ。それは、視覚世界から重要な情報を抽出するために設計された精巧な機械の、必須ではあるが入り口にすぎない組織なのである（Zeki 1998）」

一次視覚皮質に到達した視覚情報は、物体やその位置に関する、簡単に処理された比較的単純な情報である。視覚にとらえられた物体が何であるのかを示す情報と、その物体がどこに位置するのかを示す情報を分離できるなどとはなかなか想像しにくいが、次に起こるのはまさにそれで、視覚情報は一次視覚皮質から二つの異なる経路へと出て行く。

what経路は、一次視覚皮質（V1）から脳の底部に近いいくつかの領域に向けて走っている。それには、V2、V3、V4という味気ない名称で呼ばれている領域や、顔に関する処理が行なわれる下側頭皮質が含まれる。脳におけるその位置のゆえに腹側経路とも呼ばれるこの情報処理ストリームは、形、色、アイデンティティ、動き、機能などの、物体や顔の性質に関与している（図3・1）。この経路は、肖像画の鑑賞という文脈でとりわけ私たちの興味を引く。それは形態に関する情報を伝達するだけではなく、人々、場所、物体に関する明示的な記憶を司り、鑑賞者の脳がトップダウン処理を行なうために動員する脳の構造である海馬に直接接続している唯一の視覚経路でもある。

where経路は、一次視覚皮質から頭頂近くにある脳領域に向けて走っている。背側経路とも呼ばれるこの経路は、外界における物体の位置を定めるための、運動、奥行き、空間情報の処理に関与している。

これら二つの経路の分離は絶対的なものではない。というのも、対象となる物体が何であるのかに関する情報と、それがどこにあるのかに関する情報を組み合わせる必要がある場合が多いからだ。

そのため二つの経路は、途中で情報を交換できるようになっている。とはいえ分離はきわめて顕著で、そのような分離は現実世界や単純な写真では起こりえない。そこでは、物体が何であるのかとどこにあるのかは同時に成立している。これから見ていくように、アートはしばしば、見かけは不可分の情報が、実のところ脳内では分離されて扱われているという事実をうまく利用している。

whereの経路とともにwhat経路は、三つのタイプの視覚処理を実行している。低次の処理は網膜で起こり、イメージの検出に関係する。中間レベルの処理は一次視覚皮質で開始される。視覚場面は、無数の線分や平面から構成される。中間レベルの処理は、どの表面や境界が物体に属し、どれが背景をなしているのかを識別する。こうして低次の処理と中間レベルの処理は合わせて、特定の物体に関連するイメージの領域と、関連しない領域を特定するのである。また中間レベルの処理は、輪郭の統合にも関与する。これは、種々の特徴を個別的な物体へと統合するために設計されたグループ化作用と見なすことができる。これら二種類の視覚処理は、鑑賞者のシェアに関わるボトムアップ処理に必須の役割を果たしている。

高次の視覚処理は、さまざまな脳領域から得られた情報を統合し、自分が何を見ているのかを明らかにする。この情報がwhat経路の最高次の段階に到達すると、トップダウン処理が生じる。つまり脳は、注意、学習、あるいはこれまで見てきたこと、理解してきたことすべての記憶などの認知プロセスを動員して、情報を解釈しようと試みるのだ。肖像画の例で言えば、この作用は顔の意識的知覚や、描かれている人物が誰なのかに関する認識をもたらす（Albright 2013; Gilbert 2013b）。where経路によって伝達される情報も、ほぼ同じように処理される。このようにして人間の視覚システムのｗｈａｔ経路とｗｈｅｒｅ経路は、並行処理される知覚システムとして機能しているのである。

脳に二種類の視覚経路が存在する事実は、神経統合をめぐって問題を引き起こす。いかにして脳は、並行する二つの処理ストリームによって提供された、一個の物体に関する情報の断片を再構成するのだろうか？　アン・トレイズマンは、それには特定の物体に焦点を絞った注意が必要とされることを発見した（Treisman 1986）。彼女の研究によれば、視覚には「ｗｈａｔ」と「ｗｈｅｒｅ」に加え、さらに二つの処理が関与している。最初に働くのは前注意プロセスで、物体の検知のみに関与する。このボトムアップ処理においては、鑑賞者は物体が持つ形や肌理（テクスチャー）などの全般的な特徴を迅速に精査する。そして、色、大きさ、向きなどの、イメージが持つあらゆる有用な基本特徴を同時にコード化して、図と地の識別に焦点を絞る。さらにそれに続いて注意のプロセスが生じる。このプロセスは、トップダウンの注意のサーチライトとでも呼ぶべきもので、高次の脳領域が、「これらの特徴は同じ場所で生じているので、互いに結びつけられなければならない」という推論を行なうことを可能にする（Treisman 1986; Wurtz and Kandel 2000）。

かくして、ｗｈａｔ経路によって伝達される情報が高次の脳領域に達すると、その情報は再評価される。このトップダウンの再評価は、「目下の文脈において行動面で無関係と認知された詳細は無視される」「恒常性を求める」「物体、人、風景の本質的で恒常的な特徴の抽象化を試みる」、そしてとりわけ重要なこととして「たった今与えられたイメージを過去に遭遇したイメージと比較する」という、四つの原理に基づいて実行される。これらの生物学的な発見は、「視覚は世界に開かれた単純な窓などではなく、真に脳の創造物である」という、クリスとゴンブリッチの推論を確証する。

視覚システムの顔処理コンポーネント

視覚システムにおける機能の分離は、脳損傷の症例においてはっきりとする。視覚システムのいかなる領域が損傷しても、きわめて特定的な影響が生じる。たとえば下側頭葉内側部の損傷は、顔を認識する能力を損ない、失顔症あるいは相貌失認と呼ばれる症状を引き起こす。ちなみにこの症状は、神経学者のヨアキム・ボーダマーによって最初に発見された（Bodamer 1947）。下側頭皮質の前部に損傷を負った人は、顔を顔として認識することはできるが、それが誰の顔かを識別することはできない。それに対し、下側頭皮質の後部に損傷を負った人は、顔を顔として見ることさえまったくできない。オリバー・サックスが紹介するよく知られたエピソード「妻を帽子と間違えた男」では、失顔症を抱える男が、妻の頭を拾って自分の頭に乗せようとする。妻を帽子と取り違えているのだ（Sacks 1985）。軽度の失顔症はそれほどまれではなく、人口のおよそ一〇パーセントは、その症状を抱えて生まれてくる。

ボーダマーの発見が重要なのは、チャールズ・ダーウィンが初めて強調したように、私たちが社会的な存在として機能するのに顔認識が必須の役割を果たしているからである。ダーウィンは『人及び動物の表情について』(一八七二)で、「私たちは、より単純な動物の祖先から進化した生物である」と論じた。進化は性選択によって駆動されるがゆえに、性は人間の行動において重要な役割を果たす。性的魅力のカギは、というよりあらゆる社会的なやり取りのカギは、顔が示す表情にある。私たちは他者を、のみならず自分自身をも、顔によって認知するのだから。

社会的動物としての私たちは、自分の考えや計画ばかりか、情動も交換し合う必要がある。そして顔を用いてそれを行なっている。私たちはたいてい、限られた表情を通じて自分の情動を伝える。かくして人は、魅惑的なほほ笑みを浮かべて他者を引きつけ、怖い顔をして他者を遠ざけることができる。

一つの鼻、二つの目、一つの口と、誰の顔にも同数の構造が存在するので、顔によって伝達される情動的なシグナルの感覚的、運動的な側面は、文化から独立した普遍的なものでなければならない。ダーウィンによれば、表情を作る能力も他者の表情を読み取る能力も、生得的なものであって学習されたものではない。その後、認知心理学の実験によって、顔認識は乳児期に始まることが示された。

何が顔を特別なものにしているのか?　高性能のコンピューターでさえ、顔認識はきわめて困難であるにもかかわらず、たった二、三歳の乳幼児が、二〇〇〇の異なる顔を識別できるまでに学習することができる。もう一つ例をあげると、私たちは単純な線画からレンブラントの自画像をそれとして容易に認識することができる(図3・2b、c)。それどころか線画に見られるわずかな誇張は、私たちの認識を支援しさえする。この事実は、「かくも容易に顔を認識できるようにしているのは、

図３・２
ａ．人間以外の霊長類の持つ、顔に反応する脳領域。
ｂ．レンブラントの自画像。
ｃ．線画によるレンブラントの自画像。

いかなる脳の働きによってなのか？」という問いを喚び起こす。

人間の脳は、他の物体の認識に比べ、顔認識により大きなボトムアップ計算処理能力を投入している。プリンストン大学のチャールズ・グロス、さらにはハーバード大学のマーガレット・リビングストン、ドリス・ツァオ、ウィンリッチ・フライウォルドは、ボーダマーの業績を数歩進めて、顔を分析する脳の仕組みをめぐっていくつかの重要な発見をした（Tsao et al. 2008; Freiwald et al. 2009; Freiwald and Tsao 2010）。脳画像法と、個々の細胞が発するシグナルを電気的に記録する方法を組み合わせることで、彼らはマカクザルの側頭葉に、顔に反応して活性化する六つの小さな構造を見出した（図3・2a）。彼らはそれを「フェイスパッチ（「patch」は小さな区画を意味する）」と呼ぶ。また人間の脳にも、より小さいながら一連の類似のフェイスパッチを発見している。

フェイスパッチの細胞が発する電気シグナルを記録してみると、彼らは、頭上から見たところ、側面から見たところなど、異なる視点から写された顔には異なるフェイスパッチが反応するのを発見した。またフェイスパッチの細胞は、顔の位置、大きさ、視線の方向、そして顔のさまざまな部分の形の相違にも敏感である。さらに言えば、一連のフェイスパッチは相互に結合しており、顔に関する情報を伝達する一つの処理ストリームを構成している。

図3・3は、さまざまなイメージに対してサルのフェイスパッチの細胞が反応する様子を示したものである。特に驚くべきことではないが、サルが別のサルの写真を見せられたときには、フェイスパッチの細胞は非常に活発に発火する（a）。漫画の顔には、さらに激しく発火する（b）。この発見は、人間同様、「サルが実際の顔より漫画の顔に強く反応するのは、漫画ではおのおのの特徴

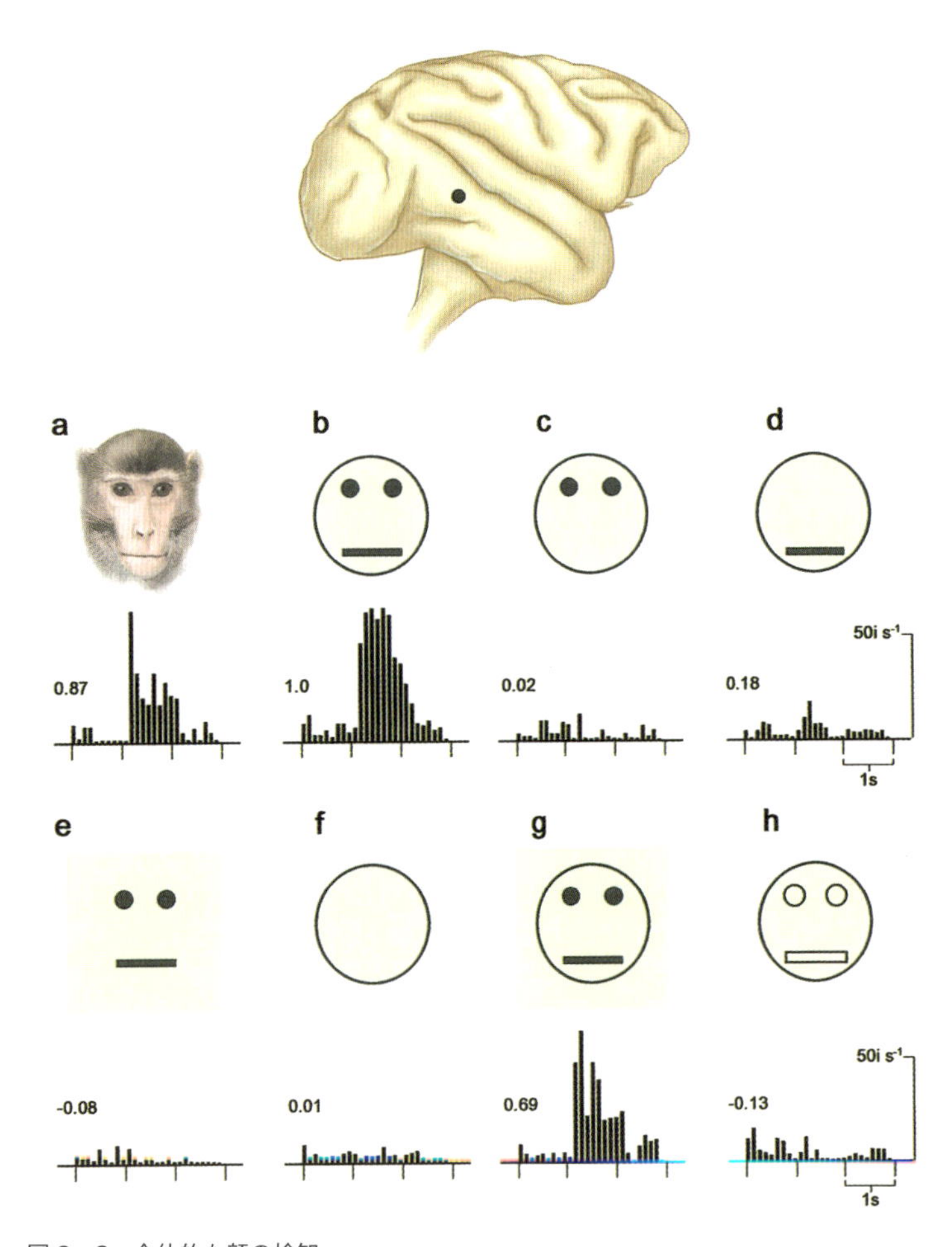

図３・３　全体的な顔の検知。
上段：記録した顔細胞の位置。
下段（ａ～ｈ）：グラフの棒の高さは、さまざまなタイプの顔刺激に反応して生じた活動電位の発火率と、それゆえ顔認識の強さを示している。

が誇張されているからである」ことを示唆する。このような誇張に対する反応は、生まれつき組み込まれているボトムアップ処理装置に媒介される。このボトムアップ処理に、特定の個人の顔や想起された顔との関連づけがトップダウン処理によってつけ加えられる。なおトップダウン処理のメカニズムについては、第8章で詳しく検討する。

サルのフェイスパッチの細胞は、顔の個々の特徴ではなく顔の全体的な形態、すなわちゲシュタルトに反応する。つまり反応を引き起こすためには、顔全体が提示されなければならない。サルに円の内部に二つの目を描いた図を見せたところ、反応は見られなかった（c）。口のみの場合にも反応は見られなかった（d）。四角形の内部に二つの目と一つの口を描いた図にも（鼻は必要とされない）、反応は生じなかった（e）。円だけ見せても、反応は生じなかった（f）。フェイスパッチの細胞は、円の内部に二つの目と一つの口が描かれた図にのみ反応したのだ（g）。ただし目と口の輪郭のみが描かれていると、反応は見られなかった（h）。加えて、顔をさかさまにして見せても、反応は生じなかった。

視覚のコンピューターモデルによって、いくつかの顔特徴〔ここでは額、目、鼻、口などを指す〕がコントラストによって定義されることが示されている（Sinha 2002）。たとえば目は、照明条件に関係なく額より暗くなりがちである。またコンピューターモデルが示唆するところでは、コントラストによって定義された特徴によって、「顔がある」というメッセージが脳に伝えられるらしい。この考えを検証するために、オヘイヨン、フライウォルド、ツァオは、サルに手書きの一連の顔を見せた（Ohayon et al. 2012）。なお、それぞれの顔の特徴には、暗から明に至るさまざまな輝度が割り当てられていた。それから彼らは、それらの顔を見せられたサルの中央部のフェイスパッチに含まれる個々の細胞の活動を記録した。そしてその結果、これらの細胞が、各顔特徴間のコントラストに反応することが、さらには、ほとんどの細胞が、顔特徴の特定のペア間でのコントラストに反応することがわかった。そのうちで反応がもっとも頻繁に見られたコントラストは、鼻がどちらかの目より明るいというものであった。

このようなコントラストの選好は、視覚のコンピューターモデルによって予測されていた。ところで、サルを使った実験でもコンピューターを用いた研究でも、手書きの顔が用いられているが、この結果は実際の顔にも当てはまるのだろうか？

この問いに答えるため、オヘイヨンらはさまざまな本物の顔のイメージを用いてフェイスパッチの細胞の反応を調査した。すると顔特徴に際立ったコントラストが多いほど、反応は増大することがわかった。具体的に言えば、そのような特徴が四つしかない顔には、細胞は反応を示さなかったが（ただし顔を顔として認識はした）、八つ以上存在すると活発に反応した。

ツァオ、フライウォルドらはそれより前に、フェイスパッチの細胞が、鼻や目などの特定の顔特徴の形状に選択的に反応することを発見していた（Tsao et al. 2008）。オヘイヨンによる新たな発見は、特定の顔特徴に対する選好が、他の顔特徴と比較したときの輝度に依存することを明らかにした。女性の顔特徴を際立たせるために化粧が効果的である理由の一つも、この点にあるのかもしれない。重要な指摘をしておくと、中央部のフェイスパッチの細胞のほとんどは、コントラストと顔特徴の形状の両方に反応する。これらの事実は、「コントラストは顔の検知に、また形状は顔認識に有用である」という結論を導く。

この研究は、顔の検知のために脳が用いている型板(テンプレート)の性質に新たな光を当てる。行動研究はさらに、顔を検知する脳の装置と、注意をコントロールする脳領域のあいだには強い結びつきがあることを示している。この事実は、人の顔や肖像画が私たちの注意を強く引く理由を説明するのかもしれない。さらに言えば、シェーンベルクの描いた具象的な自画像（図5・10）に対する私たちの反応が、彼の描いたより抽象的な絵（図5・11～図5・13）に対する反応と大きく異なる理由をも説明してくれる［シェーンベルクは作曲家としてよく知られているが、画家としての才能も持っていた］。具象画には、脳の顔細胞を活性化させる具体的な要素が多数含まれるが、抽象画は顔細胞を活性化せず、より多くを想像力に委ねるのだ。

顔を処理する複数段階からなるストリームは、視覚の一般的な原理を代表するものであることが判明している。色や形も、複数段階から成る処理パッチによって表象され、それに関与する脳領域も下側頭葉に位置しているのだ。なお、これについては第10章で詳しく検討する。

人間の神経系が備える他のコンポーネント

中枢神経系は脳と脊髄から成る。パトリシア・チャーチランドとテレンス・セイノウスキーが述べるように（Curchland and Sejnowski 1988）、中枢神経系は、明確に区別できるいくつかの構造的なレベルによって構成されている。これらのレベルは、解剖学的な構造を特定できる空間的尺度に基づく（図3・4）。この尺度では、もっとも高次の構造は中枢神経系によって、またもっとも低次の構造は個々の分子によって構成される。

最新の心の科学の語彙を用いれば、最高次のレベルは、外界の知覚を構築し、特定の対象に注意を向け、私たちの行動をコントロールする並外れて複雑な計算装置、すなわち脳が占める。次に高次のレベルは、視覚、聴覚、触覚などの感覚システムや運動システムなど、脳のさまざまなシステムで占められる。さらにその次のレベルは、網膜の視覚受容器（レセプター）が受け取った情報をもとに一次視覚皮質上に形成された表象などのマップから構成される。マップの次のレベルはネットワークであり、周辺視野に突如として何かが出現したときに目を反射的に動かすなどといった動作は、このレベルで生じる。以下ニューロンレベル、シナプスレベル、分子レベルと続く。

視覚と触覚の相互作用と情動の動員

現代の脳科学は、視覚情報の処理に特化していると考えられていた脳の領域のいくつかが、触覚によっても活性化することを明らかにした（Lacey and Sathian 2012）。物体の視覚と触覚の両方に反応する、とりわけ重要な領域の一つは外側後頭皮質に位置する（図3・5）。物体のテクスチャーは、その物体が目によって知覚されたのか手によって知覚されたのかを問わず、それに隣接する脳

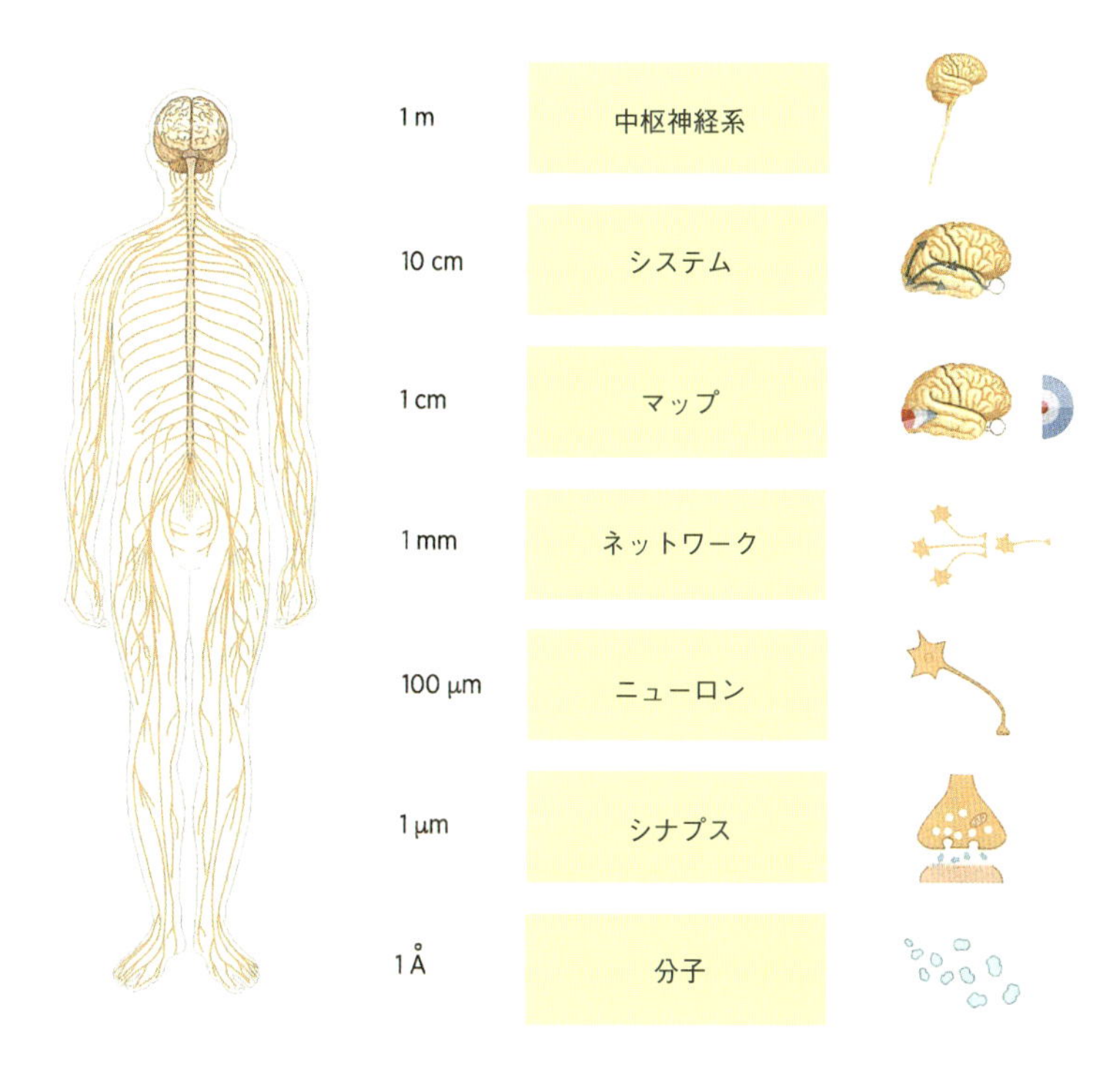

図3・4　神経系は、中枢神経系から分子に至るさまざまなレベルの構造を持つ。それに対応する解剖学的組織を特定できる空間的尺度は、桁違いの規模で変化する。左：人間の脳、脊髄、末梢神経系。右：最上段＝中枢神経系全体。2段目＝個々の脳システム（視覚）。3段目＝網膜によって中継され一次視覚皮質に表象される視野のマップ。4段目＝ニューロンの小規模ネットワーク。5段目＝一本のニューロン。6段目＝シナプス。最下段＝分子。ネットワークの性質は、シナプスや、感覚、運動システムの経路の一般的な構造に関して得られている詳細な知見に比べるとあまり知られていない。

領域、内側後頭皮質の細胞を活性化する（Sathian et al. 2011）。この関係は、なぜ私たちが皮膚、繊維、木材、金属など、物体のさまざまな材質を簡単に識別できるのか、しかもときに一目見ただけで可能なのかを説明する一つの理由であると考えられている（Hiramatsu et al. 2011）。

脳がいかに外界の表象を構築しているのかをさらに深く探究する脳画像研究によって、物体の材質に関する視覚情報の脳によるコード化は、その物体を見ているあいだ徐々に変化することが明らかにされている。絵や物体を最初に見た瞬間には、脳は視覚情報だけを処理する。それからすぐ、他の感覚によって処理された情報が加えられ、脳の高次領域でその物体に対応するマルチ感覚の表象が形成される。視覚情報と他の感覚に由来する情報の結合は、その物体の材質を分類することを可能にする（Hiramatsu et al. 2011）。事実、ウィレム・デ・クーニングやジャクソン・ポロックの絵で中心的な役割を果たしているテクスチャーの知覚は、テクスチャー化されたイメージを処理する堅固で効率的なメカニズムを備えた高次の脳領域で実行される関連づけの作用や、視覚的な識別に密接に関連している（Sathian et al. 2011）。このように、複数の感覚器官から入力された情報を結びつける作用は、脳によるアートの経験において必須の役割を果たしているのだ。

視覚と触覚は相互作用するうえ、単独で、もしくは連携しながら脳の情動システムを動員することができる。情動システムは、ポジティブな情動とネガティブな情動の両方を統制する扁桃体、情動作用を実行し感じさせる視床下部、情動の評価を強化するドーパミン調節システムから成る（図3・5）。なお、このシステムの詳細は第10章で検討する。

現代の抽象芸術は、線と色の解放に依拠している。ここまで私たちは、脳内で線やフォルムがい

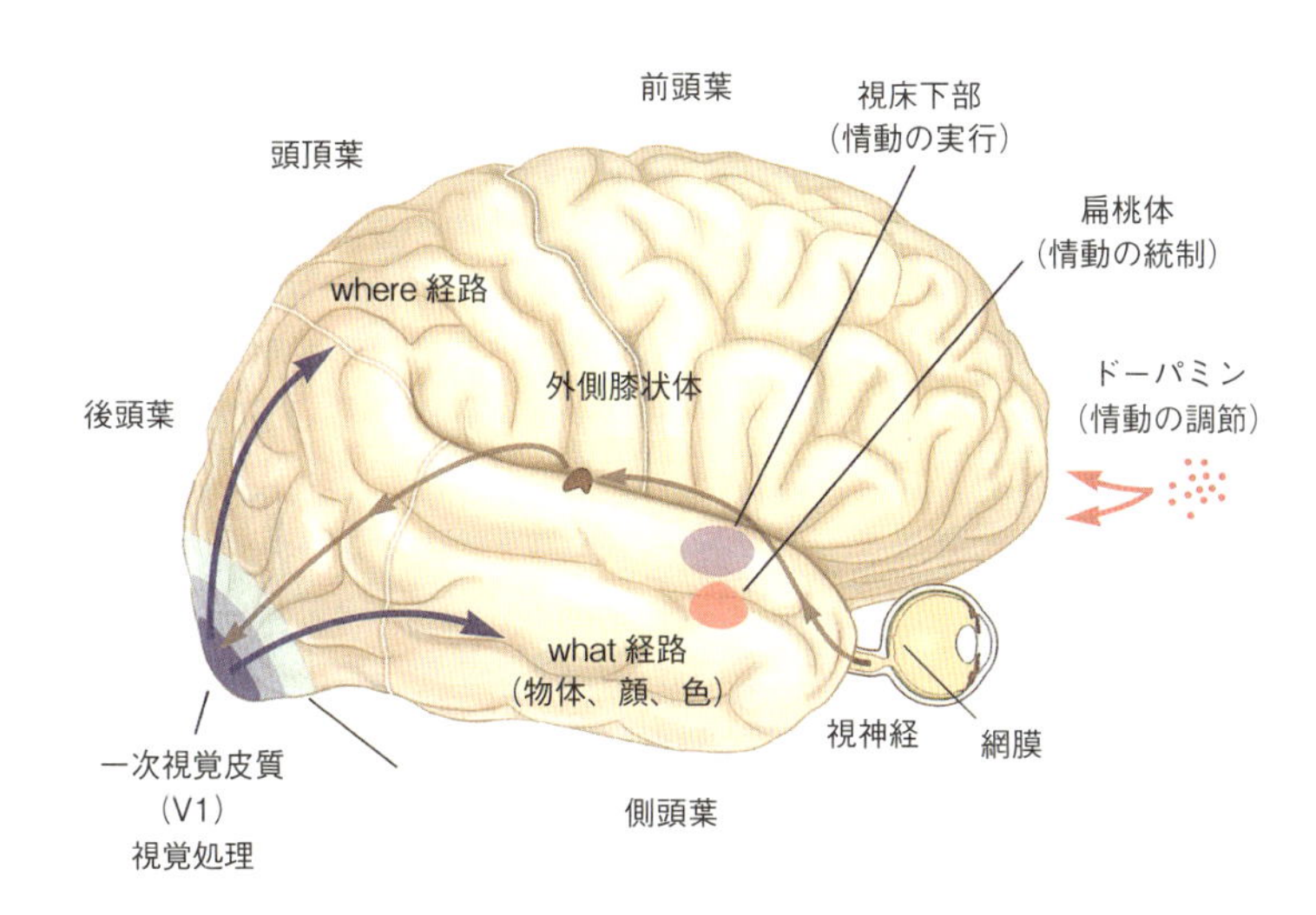

図３・５　視覚処理の初期段階に関与する領域（Ｖ１）、視覚と触覚の相互作用に関与する領域（外側後頭皮質）、物体や人に関する視覚刺激に対して生じる情動反応に関与する領域（扁桃体、視床下部、ドーパミン作動性経路）。

かに処理されているのかを見てきた。抽象芸術にとってそれと同様に重要なのは色の処理で、色が鑑賞者に影響を及ぼす理由は、空間的なフォルムの細かな識別に重要な役割を果たすのみならず（例として図10・1を参照されたい）、単独で、もしくは線やフォルムと連携することで、強い情動反応を引き起こす途轍もない能力を持っているからでもある。なお、色に対する情動反応については、第8章と第10章で検討する。

第4章　学習と記憶の生物学（アートにおけるトップダウン処理）

還元主義的アプローチは、科学では十全に定義されており、もっとも単純な構成要素を探究することで複雑な問題を解明するための戦略として、一般に用いられている。アートでは、それとはいくぶん異なる目的で還元主義が用いられているが、それについてはあとで検討する。本章はアートにおけるトップダウン処理に寄与している基本的な神経メカニズムについて考察し、還元主義的アプローチの枠組みを用いることでいかにこのメカニズムを説明できるかを見ていく。

生物学における還元主義的アプローチの適用の顕著な事例は、遺伝の研究に見られる。第二次世界大戦が起こるまで、遺伝の基本的な性質、あるいはそもそも生物を生命のない物質から区別する分子についてさえほとんど何も知られていなかった。ノーベル物理学賞受賞者のエルヴィン・シュレーディンガーは、この愚かしい状況に業を煮やし、「生命とは何か？」という問いに基づく本を著した。より細かく言えば、「生物の空間的境界の内部で、空間と時間に規定されつつ生じるできごとを、いかにして物理と化学の用語で説明できるのか？」という問いだ（Schrödinger 1944）。

シュレーディンガーは、遺伝子が染色体上の個々の実体であることを示した、コロンビア大学のトーマス・ハント・モーガンの業績に依拠している。しかし遺伝子の物理的構造や化学的組成に関しては、当時は何も明らかになっていなかった。とりわけ理解しがたかったのは、遺伝子の二重の性質であった。遺伝子は世代間で種々の特徴を受け渡せるほど安定していると同時に、変化することが可能で、しかもその変化も世代間で受け渡すことができる。シュレーディンガーは、遺伝子にはその生物の未来のあらゆる発達を規定する「精巧なコードスクリプト」が含まれていると考えた。こうして彼は、生物学の中心的な課題をピンポイントで指摘したのだ。その課題とは、生物の遺伝子に含まれる情報がその生物をいかに規定し、それがどのように受け渡され変化するのかという謎を解明することであった。

シュレーディンガーの本が出たちょうどその頃、『ジェネティクス』誌は二人の生物学者サルバドール・ルリアとマックス・デルブリュックが著した画期的な論文を掲載した。物理学ではそれまでにも還元主義がうまく適用されていたが、生物学にそれを適用したのはルリアとデルブリュックが初めてであった。彼らは、遺伝子の作用と遺伝そのものの複雑なプロセスを探究するために、単純な単細胞生物である細菌をモデルとして使えることを示した。しかし、それは序の口にすぎなかった。一九四四年、ロックフェラー大学のオズワルド・アベリーは、細菌の研究をもとに、遺伝を可能にしている遺伝子の化学的な構成要素がＤＮＡであることを示す最初の証拠を提示した。

一九五二年、生物学者のジェームズ・ワトソンと、シュレーディンガーの本を読んで遺伝生物学に関心を持ち始めた物理学者のフランシス・クリックは、二人でアベリーの発見のフォローアップを行なうようになった。ワトソンは、ＤＮＡの構造を解明することで、「いかにＤＮＡが複製され、遺伝情報が世代間で忠実に受け渡されるのか？」という遺伝学の、というより生物学全体でももっとも重要な問いの答えが得られるだろうと確信していた。それに続くワトソンとクリックによるDNAの二重らせん構造の発見は、それを詳らかにした。ワトソンが述べるように、生命の秘密が解明されたのだ。数年後、パリのパスツール研究所のフランソワ・ジャコブとジャック・モノーは焦点を細菌に戻し、遺伝子が調節される一般的な仕組み、すなわち遺伝子のスイッチが、いかにオンになったりオフになったりするのかの解明に取り組んだ。これらの驚嘆すべき洞察は、遺伝生物学に還元主義の戦略を適用することで得られたのである。

しかし脳の生物学に関してはどうだろうか？　還元主義的アプローチは、遺伝子より複雑な仕組みに対しても有効なのか？　脳科学に適用して、人間の本性に関する重要な問いの解明に役立てることができるのか？　あるいはトップダウン処理の理解、つまり学習された経験や視覚の統合が、アートの知覚や享受に影響を及ぼす仕組みに関する理解に役立つのだろうか？　本章ではこれらの幅広い問いに答えるために、トップダウン処理に由来する学習された経験や視覚の統合にまず焦点を絞り、それから「私たちはいかに学習するのか？」「私たちはいかに記憶し想起するのか？」「芸術作品に対する私たちの反応において、学習や記憶／想起はトップダウン処理といかに関係しているのか？」という三つのより具体的な問いを検討する。

人間の本性に関する包括的観点から見れば、学習と記憶の研究は、人間の振る舞いのもっとも顕著な側面の一つである、経験から新たな考えを生み出す能力を対象にしているので、途轍もなく興味深い。学習とは、世界に関する新たな知識を獲得するメカニズムであり、記憶とはかくして獲得した知識を長く維持する能力である。人間が個としての人間であるゆえんの大きな部分は、私たちが何を学習し記憶したかに求められる。それとともに学習と記憶は、人間の経験においてさらに大きな役割を果たしている。

学習は、個人的なものであるにもかかわらず、幅広い文化的意義を持つ。私たちは、学習によって得られた知識を通して、世界や文明について知る。もっとも大きな意味において、学習は個人による知識の獲得のレベルを超えて、世代間での文化の伝達を可能にする。それは行動の適応に必須の手段でもあり、社会の発達をもたらす唯一の手段でもある。事実、動物も人間も、環境に対する行動の適応に利用できる主要なメカニズムは二つしか持っていない。生物学的進化と学習だ。これら二つのうち、学習のほうがはるかに効率的であり、生物学的進化によってもたらされる変化には時間がかかり、高等生物ではときに数千年を要するのに対し、学習によってもたらされる変化は迅速で、各個体の生涯にわたって繰り返し生じうる。

学習能力は、神経系の複雑さに比例する。相応に進化したあらゆる動物が、学習し記憶する能力によって特徴づけられるとはいえ、それが最高形態に達するのは、人間においてである。学習は人間において、まったく新たなタイプの進化、すなわち文化的進化の確立を促した。そして文化的進化は、知識や適応の成果を世代間で受け渡す手段として、おおむね生物学的進化に取って代わるようになった。人間の学習能力が顕著に発達したため、人間社会はほぼ文化的進化のみによって変化するようになったのだ。そもそも、化石記録にホモ・サピエンスが出現するようになったおよそ五万年前から、人間の脳の大きさや構造が変化したことを示す強力な生物学的証拠は得られていない。古代から現代に至るまでの人類の業績はすべて、文化的進化の、したがって記憶の所産なのである。

学習に関する生物学的研究は、「人間の心のいかなる側面が生得的なのか?」「心はいかにして世界に関する知識を獲得するのか」などといった、いくつかのよくある哲学的な問いを提起する。

あらゆる世代の真摯な思想家たちが、これらの問いと格闘してきた。一七世紀末には、二つの対立する見方が登場していた。イギリスの経験論者ジョン・ロック、ジョージ・バークリー、デイヴィッド・ヒュームは、「心は生得的な観念を持たない。いかなる知識も感覚的な経験にその起源を有し、ゆえに学習されたものである」と論じた。それに対し大陸の哲学者ルネ・デカルト、ゴットフリート・ライプニッツ、そしてとりわけイマヌエル・カントは、「私たちは先験的(アプリオリ)な知識を持って生まれてくる。心は、生得的に決定された枠組み(フレームワーク)に従って、感覚的な経験を受け取り解釈する」と主張した。

一九世紀前半には、観察、内省、論争、思索などの哲学的な方法をもってしても、学習がいかに生じるのかをめぐる対立する見方を、それだけでは評価することも調停することもできないことが徐々に明らかになっていった。なぜなら、その答えを得るには、学習する際に脳で何が起こっているのかを知る必要があるからだ。

学習と記憶に関する心理学と生物学の融合

心とは、脳によって実行される一連の機能である。脳による心的機能の実行に関心を抱く生物学者にとって、学習の研究にはさらなる魅力がある。思考、言語、意識などとは異なり、学習は、行動のレベルでも分子のレベルでも、還元主義的な分析の対象になりうるからだ。

二〇世紀初頭、「古典的条件づけ」「オペラント条件づけ」という二つの形態の連合学習が発見された。イワン・パブロフによって発見された古典的条件づけは、動物や人間が二つの刺激を結びつけて学習することをいう。繰り返して、音などの中立的な刺激のあとで衝撃などの強化刺激を与えると、動物や人間は中立的な刺激から退くよう学習する。エドワード・ソーンダイクによって発見されたオペラント条件づけは、動物が特定の刺激に反応を結びつけるよう学習することをいう。たとえば、レバーを押せば報酬としてエサが出てくるところを示すと、その動物はレバーを押すことを学習し、しかも次第に迅速かつ効率的にエサにありつくようになる。これらの発見の結果、二〇世紀前半には、初歩的な形態の学習や記憶は、実験動物でも人間でも、純粋に行動レベルで十分に特徴づけられるようになった。こうしてこれらの基本的な学習形態は、心的プロセスのうちで、もっとも明確に説明され、実験者にとってはもっとも簡単にコントロールできるものになったのだ。パブロフ、ソーンダイク、B・F・スキナーが学習や記憶の心理学を追及していたちょうどその頃、アロイス・リーグルや、彼の弟子のエルンスト・クリスやエルンスト・ゴンブリッチは、心理学に基礎づけることで美術史を科学の営みとして確立しようとしていた。ここまで見てきたようにクリスとゴンブリッチは、視覚と、それゆえ芸術に対する反応に学習と記憶が必須の役割を果たしていることを示した。芸術に対する反応は、単に作品を見ることに留まらず、目の前の作品を、かつて見た他の芸術作品の記憶や、それが示唆する他の過去の経験に、トップダウン処理を通じて結びつけることでもある。

初期の世代に属する心理学者は、脳の生物学を理解していなくても学習や記憶を研究することができると考えていた。というのも、心的プロセスが脳のプロセスに直接的に対応するとは見なしていなかったからだ。しかし新しい心の科学の誕生とともに、どんな心的プロセスも生物学的プロセスであること、また、いかなる心的プロセスの理解も、その行動への現われを、基盤をなす生物学的組織に関連づけることで大幅に向上できることが明らかになった。言い換えると、学習や記憶の基盤をなすメカニズムをめぐる問いに答えるためには、脳自体を研究する必要がある。近年になって脳科学はまさにその作業に着手しており、現在予備的な答えを手にしている。

一九五〇年代頃には、脳科学者は脳のブラックボックスをこじ開けることができると考えるようになっていた。かつては心理学者や精神分析医の専門分野に属すると考えられていた記憶の蓄積の問題は、現代生物学の方法の対象になったのだ。その結果、記憶の研究は、心理学では未解明であった、学習や記憶をめぐる中心的な問題のいくつかを生物学の言葉へと移し変えて考えられるようになった。かくして問いは、「学習は、脳の神経ネットワークにいかなる変化を引き起こすのか？」「記憶はいかに蓄積されるのか？」「蓄積された記憶はどのように維持されるのか？」「短期的な記憶が、持続する長期的な記憶に変換される際に作用する分子レベルのメカニズムとは何か？」に変わったのである。

この転換の目的は、心理学的な見方を分子生物学の論理に置き換えることにあるのではなく、心理学と生物学の統合に寄与し、記憶の蓄積の心理学と、細胞のシグナル伝達に関する分子生物学の関連を正しく評価する、新たな科学を構築することにあった。

記憶はどこに蓄積されるのか？

一九五七年、ブレンダ・ミルナーらの画期的な業績によって、ある種の長期的な記憶は、海馬と、内側側頭葉に位置し、意識的な気づきを必要とする他の脳領域によって確保されコード化されることが明らかにされた。またその後すぐに、脳は、事実、できごと、人々、場所、物体に関する顕在記憶（宣言的記憶）と、知覚や運動のスキルに関する潜在記憶（非宣言的記憶）という二つの主要なタイプの記憶を形成する能力を持つことが判明した。

一般に顕在記憶は意識的な気づきを必要とし海馬に依存するのに対し、潜在記憶は意識的な気づきを必要とせず、小脳、線条体、扁桃体、あるいは無脊椎動物では単純な反射経路など、ほとんどを海馬以外の脳システムに依拠している。顕在記憶は皮質全体にわたって蓄積されるのに対し、潜在記憶はさまざまな脳領域に蓄積される。したがって、自分にとって楽しい記憶を思い起こしたり、アートに反応したりするときには海馬が呼び出されるが、自転車に乗るときには海馬は呼び出されない。なぜなら自転車に乗る際に意識的な想起は不要だからだ。

記憶はいかに蓄えられるのか？

一九七〇年代にミルナーが行なった研究は、人間には二つのタイプの記憶システムが備わっていることを示したが、記憶がいかに蓄積されるのかについては明確にされていなかった。それどころか当時の科学者たちは、記憶の蓄積の基盤をなすメカニズムを研究するのに必要な、確固たる生物学的文脈さえ把握していなかった。しかも当時の生物学者は、記憶に関する二つの主要な（互いに対立する）理論のどちらが正しいかを評価できていなかった。一方の「集合フィールド理論（aggregate field theory）」によれば、情報は多数の神経細胞、すなわちニューロンの平均的な活動によって生じる生体電気フィールドに蓄積される。他方の「細胞コネクショニスト理論（cellular connectionist theory）」によれば、記憶はシナプス結合の強度の解剖学的変化として蓄積される。なおシナプスは、ニューロン同士が連絡を取り合う接点として機能する。ちなみに後者の理論は、脳細胞の機能の研究を初めて行なった、スペインの偉大な開拓者サンティアゴ・ラモン・イ・カハールの考えにその起源を持つ（Cajal 1894）。

やがてすぐに、記憶の蓄積に関するこれら二つの理論を検証する有望な方法は、ニューロンの数が非常に少なく、ニューロン間のほぼすべての接続や作用を特定できる単純な動物を用いた還元主義的アプローチであることが判明する。かくして科学者たちは、単純な動物を対象に、単純な行動に関与している個々のニューロン間の相互作用を調査し、それが学習や記憶の蓄積によってどのように変化するかを確認するようになったのだ。

還元主義的アプローチは生物学の多くの分野に採用されてからすでに久しかったが、学習や記憶などの心的プロセスの研究となると、科学者たちは一般に、還元主義的な戦略の採用を躊躇した。しかし、記憶の蓄積は生存にとってとても重要なので、そのメカニズムは保存されている可能性が非常に高いことは明白だった（保存された生物学的プロセスとは、原初的な生物の段階できわめて有用であったため、進化の過程を経て次第に複雑化していった動物でも維持されてきたプロセスをいう）。こうして分子レベルでの学習の分析は、いかに実験動物や課題が単純であろうと、記憶の蓄積を司る普遍的なメカニズムを解明する手段になる可能性が高かった。

学習や記憶の革新的な還元主義的分析を行なうにあたり、非常に理想的であると思われる生物の一つが、海の大きなカタツムリ、アメフラシ（sea snail, Aplysia）だ（図4・1左、Kandel 2001）。実のところ、還元主義的分析にカタツムリが有用であることは、すでにアンリ・マティスによって示されていた。マティスは晩年になって、一二の単純なカラー紙片を用いてカタツムリの基本的な視覚

図4･1　左：海のカタツムリ（アメフラシ）。右：アンリ・マティス『カタツムリ』（1953）。
左：Photograph courtesy Thomas Teyke.　右：Tate, London / Art Resource, NY.

構成要素を再現できることを示した（図4・1右）。マティスの晩年の、おそらくは全盛期を特徴づける色の純粋さは、美術史家のオリヴィエ・ベルグランによって「鑑賞者に自由の感覚、つまり物質的なものからの解放の感覚をもたらす」と評されている（Berggruen 2003）。着色された表面は、カタツムリの基本的な形態と、（想像力を少し働かせれば）動きの両方を巧みにとらえていることがわかる。

向きを変える、食べる、交尾する、這う、防御のために退くなどといったアメフラシのさまざまな行動は、比較的わずかなニューロンで構成されるきわめて単純な神経系によってコントロールされている。人間の脳は一〇〇〇億本のニューロンから構成されるが、アメフラシのニューロンは二万本しかない（図4・2）。それは、神経節と呼ばれる一〇のクラスターから成り、そのそれぞれがおよそ二〇〇〇の細胞を持

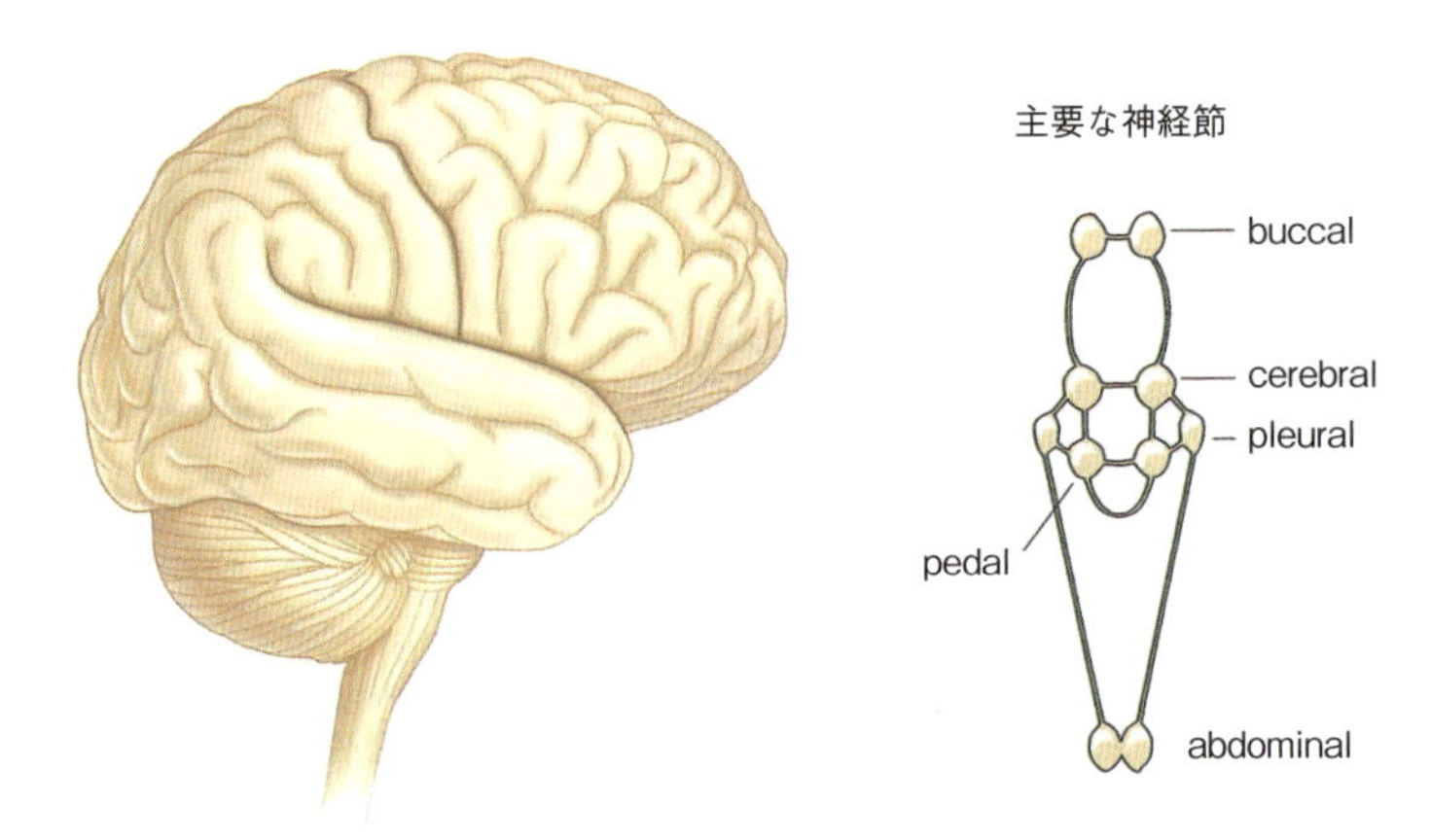

図4・2　人間の脳（左）とアメフラシの脳（右）の比較。（1000億本のニューロンから成る）人間の脳は複雑だが、（2万本のニューロンから成る）アメフラシの脳は単純である。

ち、一連の行動をコントロールしている。したがってアメフラシの単純な行動には、一〇〇本未満のニューロンしか関与していないものもある。この数的単純さのゆえに、アメフラシが示す特定の行動に寄与している個々の細胞を割り出すことができるのであり、だから科学者は、この単純な生物を使って、エラ引き込み反射と呼ばれる非常に単純な行動の輪郭を描いているのだ（Kandel 2001; Squire and Kandel 2000）。

アメフラシはエラと呼ばれる外的呼吸器官を備え、エラはマントルシェルフと呼ばれる保護鞘に覆われている。マントルシェルフは殻の残滓を含み、その先端は水管（サイフォン）と呼ばれる噴出口を形成している。水管に軽く触れると、アメフラシはそれに反応してエラを引っ込める。この動きは防御反射であり、私たちが熱い物体から手を引っ込めるのによく似ている（図4・3）。この基本的な反応は、ごくわずかな数のニューロンに媒介されており、（パブロフの）古典

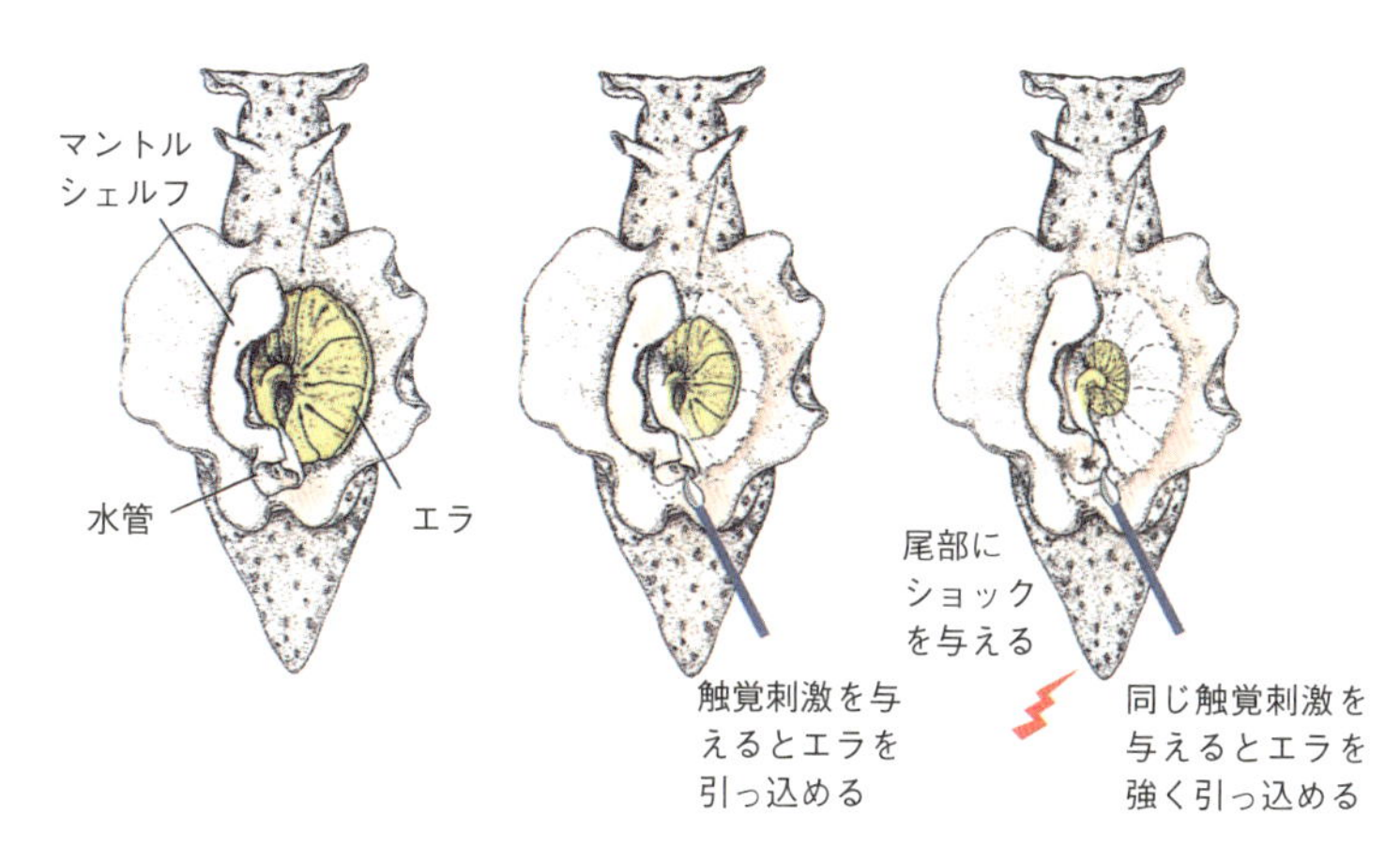

図4・3　アメフラシのエラ引き込み反射は、学習によって変化しうる。水管に弱い触覚刺激を与えると、アメフラシは通常、エラを軽く引っ込める（中）。尾部にショックを与えるとアメフラシはおびえ、水管に同じ弱い触覚刺激を与えてもエラをはるかに強く引っ込めるようになる（右）。アメフラシは、尾部へのショックによって引き起こされた怖れを、トライアルの回数に応じた期間記憶する。たとえば尾部に１回ショックを与えたときには記憶は数分間続き、５回だと数日もしくは数週間続く。

的条件づけを含めたいくつかの形態の学習によって変化しうる。絵を見て、それまでに鑑賞したことのある絵や、関連する自己の経験に暗黙的に結びつけるとき、私たちの脳は無意識のうちにこの形態の連合学習を動員しているのである。

エラ引き込み反射に関与するニューロン間の結合、つまり反射神経回路（図4・4）は、比較的単純なものであることがわかっている。この反射には、直接的に、もしくは介在ニューロンを通して六本の運動ニューロンに結合する二四本の感覚ニューロンが関与している（Kandel 2001）。

アメフラシの神経回路は、驚くほど不変であることがわかっている。あらゆる個体がこの神経回路の同じ細胞を用いているばかりでなく、それらの細胞の結合の様態も個体間でまったく変わらない。各感覚ニュ

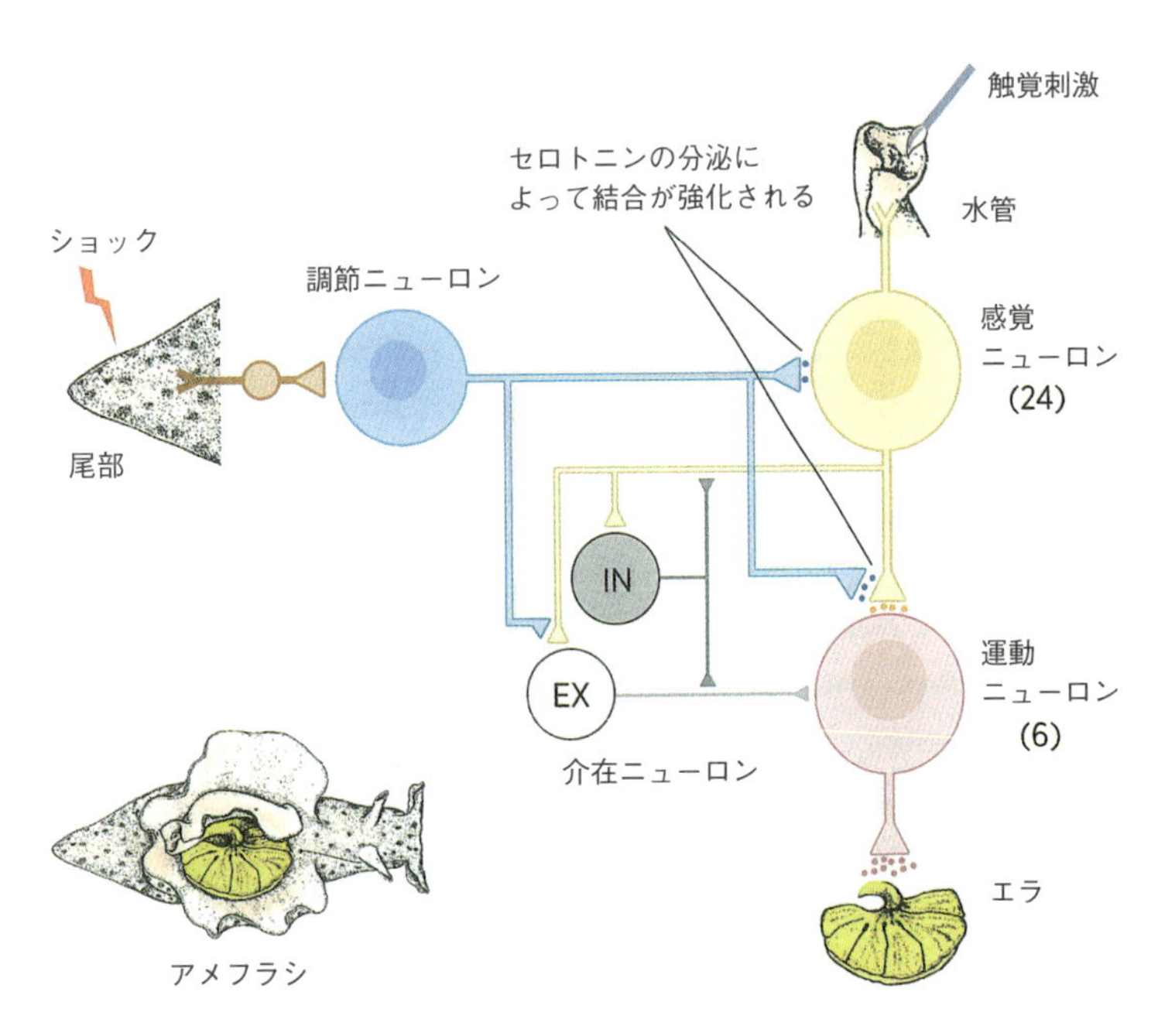

図4・4　エラ引き込み反射を生む神経回路。尾部へのショックはセロトニンの分泌を引き起こし、それによって神経回路の結合が強化される。

ーロンと介在ニューロンは一連の特定の細胞と結合しており、その他の細胞にはまったく結合していない。この発見は、カントのいうアプリオリの知識の単純な事例として私たちに手っ取り早い洞察を与えてくれる。科学者たちの発見によれば、遺伝や発達のコントロールのもとでの脳への組み込みは、行動（アメフラシの事例で言えば有害な刺激からのエラの引き込み）の基本アーキテクチャなのである。ちなみにその後、同様の不変性がアメフラシの他の行動にも見出されている（Kandel 2001, 2006）。

この洞察は、「かくも厳密に配線された神経回路で、いかにして学習が生じうるのか？」、つまり「行動を司る神経回路が変化しないのなら、いったいなぜ当の行動が変化しうるのか？」という深遠なる問いを提起する。

短期的記憶、長期的記憶の形成

この見かけの謎は、意外にも簡単に解くことができる。学習によってニューロン間の結合の強さが変わるのである（Castellucci et al. 1978; Hawkins et al. 1983）。アメフラシの遺伝プログラムや発達プログラムが、細胞間の結合を厳密に固定化し不変的なものにしているにせよ、結合の強さまで規定しているわけではない。よってジョン・ロックなら予測できたのであろうが、学習は神経回路の基本的な結合に働きかけて記憶を形成するのだ。さらに言えば、結合の強さの一貫した変化は、記憶の蓄積のメカニズムをなす。ここには生まれと育ち、言い換えるとカント流の見方とロック流の見方の調停を、基本的かつ還元された形態で見出すことができる。

いかにして記憶は短期的、あるいは長期的に維持されているのだろうか？　アメフラシの研究は、この問いに答えるにあたって、いくつかの形態の学習に焦点を絞り、各形態の学習において、さまざまな実験的刺激に反応して行動を変えるようアメフラシを促している。かくして行動の変化を観察して、学習のメカニズムを明らかにすることが実験の目的であった。

この研究で取り上げられた学習形態の一つは、古典的条件づけである。水管に軽く触ると、アメフラシはエラをわずかに引っ込める（図4・3）。水管に軽く触れた直後に尾部に衝撃（ショック）を与えると、アメフラシは水管に対する接触が尾部に対するショックを予示することを学習する。以後、水管だけに軽く触れても、アメフラシはエラを大きく引っ込める。こうしてアメフラシは、古典的条件づけによって水管に対する軽い接触と、それに続くショックを結びつけるよう学習するのだ。

このような形態における記憶の蓄積の基盤をなす分子レベルのメカニズムとは何か？　アメフラシのエラ引き込み反射をコントロールしている、感覚ニューロンと運動ニューロンのシナプス結合の研究が明らかにしたところでは、尾部へのたった一度の刺激によって、感覚ニューロンにセロトニンを分泌する調節ニューロンの活性化が生じ、感覚ニューロンと運動ニューロンのシナプス結合を強化する結果をもたらす（図4・4）。セロトニンの分泌は、cAMP（環状アデノシン一リン酸）と呼ばれるシグナル分子の、感覚細胞中の濃度を高める。そしてcAMP分子は、より多量のグルタミン酸（神経伝達物質）をシナプス間隙に放出して、感覚ニューロンと運動ニューロンの結合を一時的に強めるよう指示するシグナルを感覚ニューロンに送る（Carew et al. 1981, 1983）。

古典的条件づけでは、水管に対する軽い接触（条件刺激）は、それに続く尾部へのショック（無条件刺激）とペアで適用され、それによっていずれか一方の刺激のみが与えられた場合より大規模なエラ引き込み反射が引き起こされる。どうしてそのようなことが起こるのか？　感覚ニューロンは、水管への接触に反応して活動電位を生む。そしてアメフラシは、それを直後に起こる尾部へのショックと結びつける。活動電位の発火は、セロトニンによって生成されるcAMPの量を増大させ、それによって感覚ニューロンと運動ニューロンのシナプス結合をさらに強化する。こうしてさらに強化されたシナプス結合によって、より強いエラの引き込みが可能になるのである。

かくしてペアにされた刺激に対するアメフラシの記憶の持続期間は、訓練トライアルの回数に相関する。二つの刺激を一回だけ与えた場合、アメフラシは短期間のみそのできごとの記憶を保持し、反射は数分間強化される。五回以上与えると、アメフラシは数日から数週間持続する長期的記憶を形成する。つまりアメフラシでさえ、経験がものを言うのだ！

いかにして一回の訓練トライアルで短期記憶が形成され、五回でそれが長期記憶に転換されるのだろうか？　図4・5左は、運動ニューロンと結合し、水管の皮膚から情報を受け取る一本の感覚ニューロンを示したものである。尾部に対する一回のショックによってセロトニンを分泌する調節細胞が活性化し、感覚ニューロンの内部で連鎖反応が引き起こされる。セロトニンの分泌は、感覚ニューロンと運動ニューロンの結合を一時的に強化する（図4・5中央）。繰り返されるショックの適用とセロトニンの分泌が、連合学習によって感覚ニューロンの発火と関連づけられると、シグナ

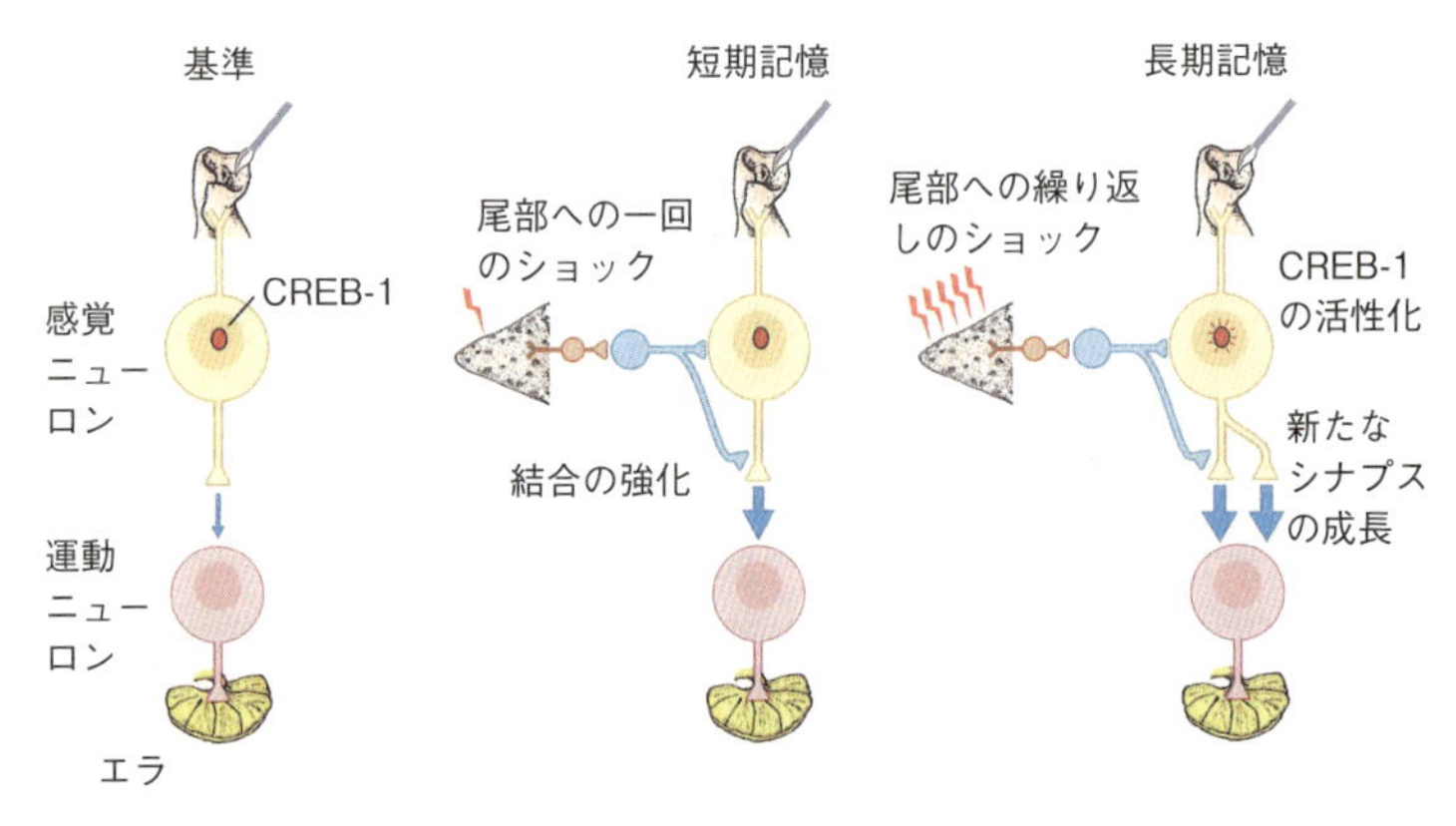

図4・5　短期記憶の蓄積と長期記憶の蓄積の基盤をなすメカニズムは異なる。水管の皮膚から発する一本のニューロンは、エラを刺激する一本の運動ニューロンと結合している。短期記憶は、尾部に対する一回のショックによって形成される。尾部へのショックは、感覚ニューロンと運動ニューロンの結合の機能的強化を引き起こす調節ニューロン（青）を活性化する。長期記憶は、尾部に対する五回のショックによって形成される。尾部への繰り返しのショックは、調節ニューロンをより強く活性化し、CREB-1遺伝子の発現の促進と新たなシナプスの成長をもたらす。

ルが感覚ニューロンの細胞核に向けて発せられる。このシグナルは、感覚ニューロンと運動ニューロンの新たな結合の発達を導くCREB－1遺伝子の発現を促す（図4・5右）(Bailey and Chen 1983; Kandel 2001)。そしてこの結合が、記憶の持続を可能にしているのである。そのようなわけで、本書で読んだ内容をあとで思い出すことができるのは、あなたの脳の様態が、読む前とはわずかに異なっているからだ。

　連合記憶を形成するメカニズム（古典的条件づけ）は、非常に普遍的なものであることが判明しており、脊椎動物のみならず無脊椎動物でも、また、明示的で意識的な記憶ばかりでなく暗黙的で無意識的な記憶においても作用している（Squire and Kandel 2000; Kandel 2001）。私たちが芸術作品を鑑賞する際には、この連合記憶のプロセスが、脳で実行されるトップダウン処理の過程で喚び出されるのだ（第8章参照）。

脳の機能的構造を改変する

人間の脳の基本構造が形作られるにあたり、ニューロン間の新たな結合の発達は、どれほど重要な役割を果たしているのだろうか？　あなたや私にとって、それはどれほど重要なものなのか？　それとアートに対する私たちの反応の関係はどのように関係しているのか？

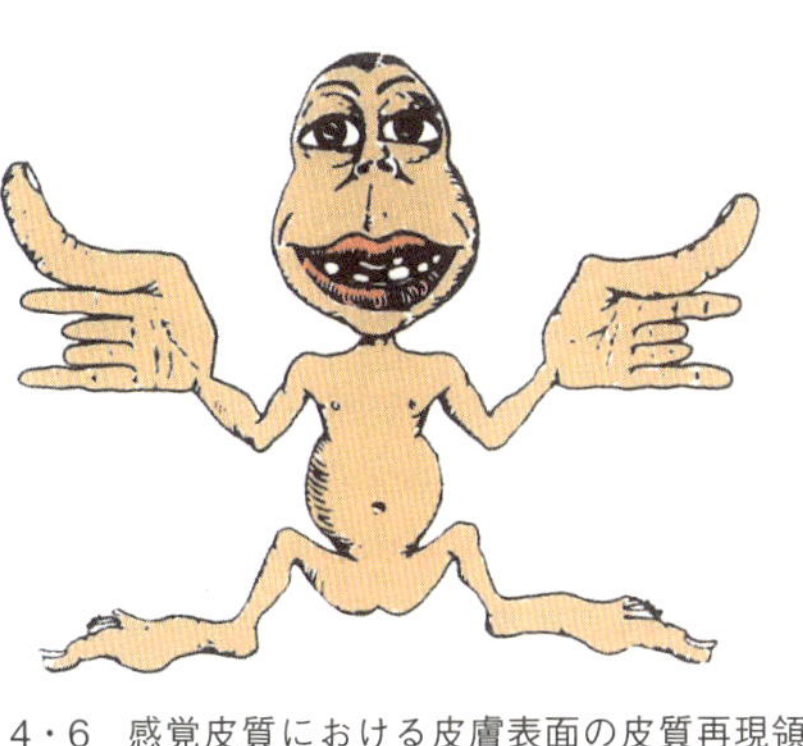

図4・6　感覚皮質における皮膚表面の皮質再現領域の相対的な大きさを表わす体性感覚ホムンクルス。この皮質マップでは、敏感な領域ほど、より大きく描かれている。

図4・6は、脳の感覚皮質内で身体の表面がいかに表現されているのかを示している。敏感な部位ほど対応する器官が大きく描かれており、手、目、口がもっとも大きい。ここまで見てきたように、触覚は視覚と密接に関連しており、アート、とりわけ抽象芸術に対する反応において重要な役割を果たしている。

最近になるまで、この皮質のマップは不変だと考えられていた。しかし今では不変ではないことがわかっている。カリフォルニア大学サンフランシスコ校のマイケ

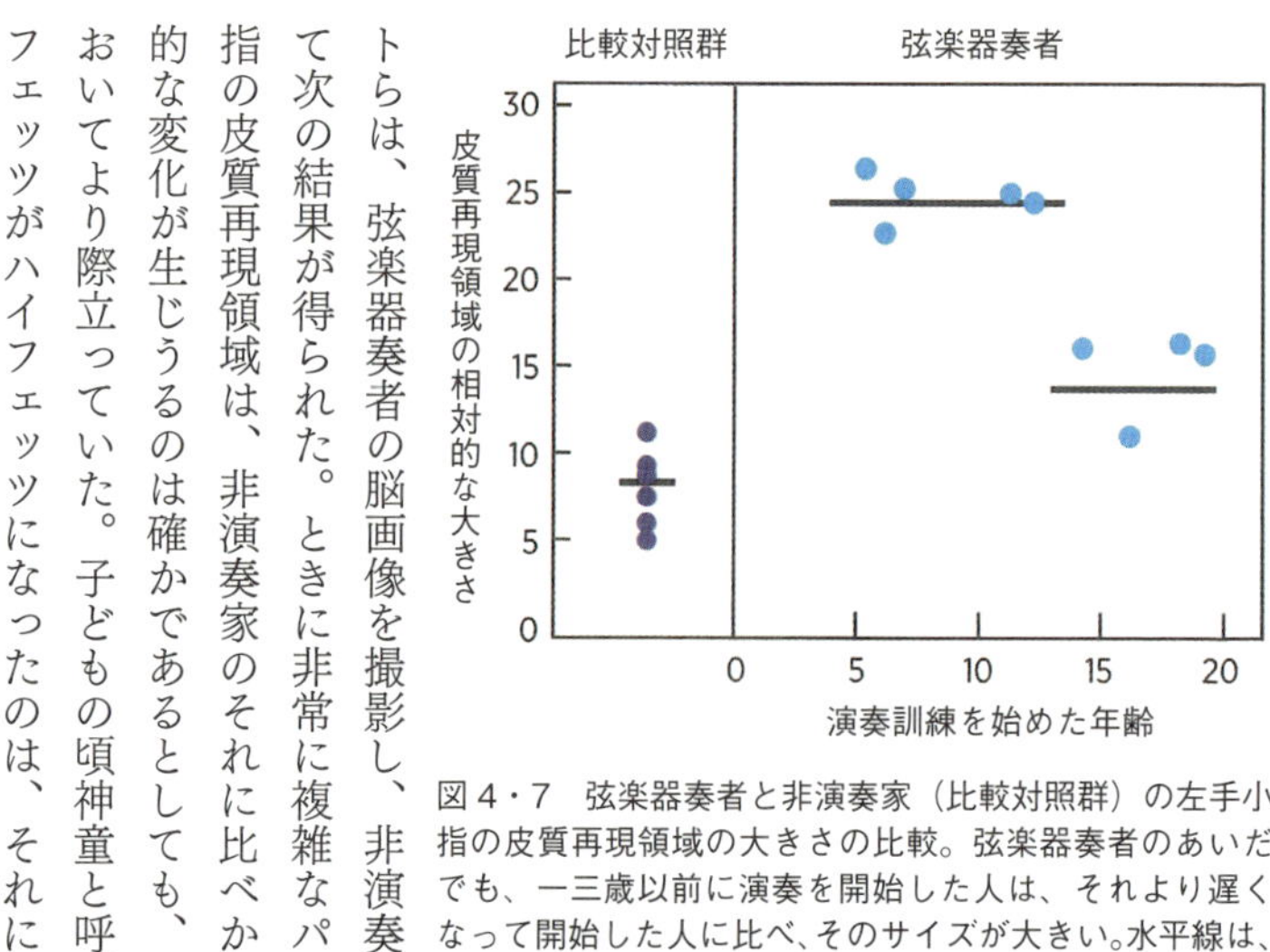

図4・7　弦楽器奏者と非演奏家(比較対照群)の左手小指の皮質再現領域の大きさの比較。弦楽器奏者のあいだでも、一三歳以前に演奏を開始した人は、それより遅くなって開始した人に比べ、そのサイズが大きい。水平線は、おのおののドットグループの平均値を示す。

ル・マーゼニックは、アメフラシにおける新たな結合の発達の事例に見たように、サルの成獣の皮質マップが、使用頻度に基づいて、つまりさまざまな感覚器官から脳に至る経路の活動の様態によって変わりうることを示した(Merzenich et al. 1988)。またレスリー・アンジャーライダーは、人間の皮質マップでも類似の変化が生じうることを示した(Ungerleider et al. 2002)。

変化に対する脳の柔軟さは、使用の頻度のみならず年齢にもよるらしい(図4・7)。コンスタンツ大学(ドイツ)のトーマス・エルベルトらは、弦楽器奏者の脳画像を撮影し、非演奏家のものと比較した(Elbert et al. 1995)。それによって次の結果が得られた。ときに非常に複雑なパターンでおのおの独立して動く弦楽器奏者の左手の指の皮質再現領域は、非演奏家のそれに比べかなり大きかった。また、成熟した脳においても構造的な変化が生じうるのは確かであるとしても、そのような変化は、幼少期に訓練を始めた演奏家においてより際立っていた。子どもの頃神童と呼ばれていた偉大なバイオリニスト、ヤッシャ・ハイフェッツがハイフェッツになったのは、それにふさわしい遺伝子を持っていたからというだけでなく、脳が経験による変更に対して非常に敏感であった幼少期に、演奏スキルを伸ばすための訓練を始めていたからでもある。

これらの画期的な研究は、動物研究によって詳らかにされていた事実、つまり特定の身体部位に割り当てられる皮質再現領域の大きさの割合は、その身体部位がどの程度の頻度で用いられたかに部分的に依存するという事実を、人間を対象に確証することとなった。

成長環境やそこから受ける刺激、学習、さらには運動や知覚の行使のあり方は人によってある程度異なるので、脳の構造も、人によって独自の様態で変更される。人間が互いにわずかに異なる脳を持っているのは、各人各様の経験のゆえである。遺伝子を共有する一卵性双生児でさえ、おのおのの人生経験は異なり、よって互いに異なる脳を持つ結果になる。このような脳の構造の個人レベルでの変化は、独自の遺伝子構成とともに、個性の発現の生物学的な基盤をなす。また、アートに対する反応様式の個人差をも説明する。ここまで見てきたように、アートに対する私たちの反応は、生得的なボトムアップの知覚プロセスのみならず、シナプス結合の強度の変化に媒介されたトップダウンの関連づけや学習にも依存する。

トップダウン処理とアート

脳科学は還元主義的アプローチを採用することで、学習によってニューロン間の結合の強度が変化することを明らかにした。この洞察は、トップダウン処理がいかに生じるのかに関する最初のヒントを与えてくれた。加えて、どこでそれが生じるのかについても、今や少しばかりわかるようになった。視覚の連合学習は、記憶の意識的な想起に関与している海馬と相互作用する下側頭皮質で強化される。また芸術作品に描かれた色や顔に対する強い情動反応の基盤も判明している。すなわちそれは、色や顔に関する情報の処理に特化した領域を含む下側頭皮質が、海馬や情動を統制する扁桃体と情報を交換することで生じるのだ。

性欲、攻撃性、快、恐れ、痛みなどの情動は、本能的なプロセスである。それらは私たちの生活を色づけ、痛みの回避や快の追及などの根本的な課題に立ち向かうにあたって支援をしてくれる。のちの章では、デ・クーニングの『女Ⅰ（*Woman I*）』（図7・5）とグスタフ・クリムトの『ユディト（*Judith*）』（図7・7）に性欲と攻撃性の相互作用を見ていく。絵に向けられた情動は、日常生活の他のあらゆるものごとに向けられた情動と本質的に変わらない。このようにして芸術は、ようやく解明に向けて取り組みが始められた知覚や情動に関する数々の問いを提起することで、脳科学に新たな洞察を加えるよう促しているのだ。とりわけ、今や私たちは、さまざまな情動の状態が、抽象芸術とは対照的な具象芸術の知覚にいかなる影響を及ぼすのかという問いの解明に着手できる段階にある。

私たちは、脳がいかに芸術の知覚や享受を仲介するのかについて理解し始めたばかりではあるが、抽象芸術に対する私たちの反応が、具象芸術に対する反応とは著しく異なることを知っている。さらには抽象芸術が大々的に成功し得る理由も知っている。イメージをフォルム、線、色、光に還元する抽象芸術は、トップダウン処理、そしてそれゆえ情動、想像力、創造性により強く依存している。脳科学は、芸術におけるトップダウン知覚の役割や、鑑賞者の創造性に関してさらなる洞察を得るための手段を与えてくれる。

本章ではトップダウン処理に関わる、生物学における還元主義的戦略について考察してきたが、今度は芸術それ自体に目を向けることにしよう。還元主義的戦略は、意識的か無意識的かを問わず、芸術でもさまざまな方法で用いられてきたのだ。

III アートへの還元主義的アプローチの適用

第5章　抽象芸術の誕生と還元主義

脳科学者が学習や記憶を研究するにあたって還元主義を採用し、非常に単純な事例に焦点を絞って視覚プロセスを描写したのと同じように、芸術家は還元主義を用いて、フォルム、線、色、光に着目するようになった。還元主義は、そのもっとも包括的な形態で、芸術家が具象から具象的要素を欠く抽象へと移行することを可能にした。以下の章では、そのような芸術の構成要素に焦点を絞った画家の事例として、J・M・W・ターナー、クロード・モネ、アルノルト・シェーンベルク、ワシリー・カンディンスキーを取り上げていく。

ターナーと抽象への移行

細部の還元を適用することで具象から抽象へと移行した初期の画家の一人は、イギリスの偉大な画家ジョゼフ・マロード・ウィリアム・ターナーだ（図5・1）。一七九五年生まれの彼は、若い

図5・1　ジョゼフ・マロード・ウィリアム・ターナー（1775-1851）

頃、何人かの建築家のもとで働いていた。したがって彼の初期のスケッチには、建築設計に類するものが多い。早くも一四歳のときには王立美術学校に入学している。やがて田園や海洋の風景画を描き始め、現在では風景画を歴史画と同等の地位に引き上げるのに最大の貢献をなした画家と見なされている。

ターナーは海景画の巨匠であり、自然の力をきわめて緻密かつ叙事詩的なスケールで描く才能を持っていた。経歴の初期にあたる一八〇三年に『カレー埠頭（*Calais Pier*）』を描いているが、逆巻く海を漂う数隻の船を描いたこのみごとに写実的な絵には、光と陰の劇的な効果、遠近感、あるいは風にあおられる帆、暗い雷雲を背景にした白いカモメなど細部への注意深さを見出すことができる。画面には波浪、雲、水平線、小舟、帆、人々がはっきりと描かれている（図5・2）。

それから四〇年後の一八四二年、六〇代後半に入ったターナーは、同じテーマで『吹雪（*Snowstorm*）』という標題の絵を描いている（図5・3）。彼はその七年前に、大陸を旅してドイツ、デンマーク、オランダ、ボヘミアを訪問していた。また数年後には、イタリアに赴きヴェニスを訪れている。彼はそれらの国々で、光や、水面から立ち上る靄が、視覚場面に及ぼす効果を研究していた。

『吹雪』では、具象的要素は、事実上存在しないと言えるほどまで還元されている。そこには、はっきりと描かれた雲、空、波はもはや存在しない。船はマストを表す線によって示唆されているにすぎない。海と空の区別はかすかにわかる程度だが、鑑賞者は屹立する波浪のかたまり、暴風、獰猛に船に襲いかかる叩きつけるような雨、らせんを描く光と陰の配置の力強さを実感できるはずだ。はっきりと画されたフォルムを用いずに自然の動きの圧倒的な力を伝えることで、『吹雪』は『カレー埠頭』よりさらに強い情動反応を引き起こす。ターナーの賛美者だった、イギリスの文芸評論家で哲学者のウィリアム・ハズリット（一七七八〜一八三〇）は、ターナーの後期の作品を「大気的な（atmospheric）」「まったくフォルムがない」と評した。

図5・2　J・M・W・ターナー『カレー埠頭、イギリス定期船の到着』（1803）

図5・3　J・M・W・ターナー『吹雪、沖合の蒸気船』（1842）

ターナーが特筆すべき『吹雪』を描いた頃、写真術が世界の光景をとらえ平面上に転換する手段を革新していった。ルネサンス時代、西洋絵画は次第に世界の写実的な描写を追及するようになっていった。ジョットからギュスターヴ・クールベに至るまで、アーティストの技量は一般に、現実感あふれる幻影を生み出す能力、つまり三次元の世界を二次元のカンバスに投影する能力によって測られた。

一八七七年、一瞬ながら四本の脚がそろって地面を離れるところを示したギャロップするウマの写真は、絵画によっては表現できない現実の描写を見る者に提示した。その結果、二つのアートの対話が始まり、絵画はエルンスト・ゴンブリッチが言うところの「描写の世界における独自の動物行動学的ニッチ」を失った。それによってその代わりになるニッチの探求が促進されるが、その一つがより大きな抽象性であった。

当時は、アルベルト・アインシュタインが一九〇五年に発表した相対性理論についてメディアで議論されるようになっていた。相対性理論は絶対的な空間と時間という概念に挑戦し、やがて人々の思考に大きな影響を及ぼすようになった。その一つとして、画家が具象芸術に関する古典的な見方に疑義を呈するようになったことがあげられる。現実はもはや見かけほどはっきりとしたものとしてとらえられなくなったのに、なぜ絵画は、世界の忠実な描写であり続けなければならないのか？　私たち自身を表現するために、自然をリアルに描写する必要があるのだろうか？　私たちの心を強く揺さぶることにおいて尋常ならざる効果を発揮する芸術形態である音楽を創造する人々は、何としてでも自然の音を再現しなければならないと感じているわけではない。この問いはやがて、一九世紀の写真（や絵画）では実現不可能なあり方で、鑑賞者の経験を拡大するよう意図した実験の案出をもたらした。

ターナーは、「模倣（ミメーシス）という退屈な雑用」から絵画を解放した最初の画家の一人で、相対性理論が発表されるよりかなり以前にそれをなし遂げたのである。彼はこの自立を、「より透明な油絵具を使う」「色彩を駆使して純然たる光を思わせるような揺らぎの効果をかもし出す」など、絵画に新たな方法を導入することで達成した。そしてどちらの技法も、彼の抽象芸術への移行を促進した。重要な指摘をしておくと、ターナーの作品は、絵画から具象的な要素を取り除いても、鑑賞者の心に連想を引き起こす力が失われるわけではないことを例証している。それどころか、これから見ていくように、連想を促す抽象芸術の能力は、芸術の持つ力に寄与しているとも言える。

図5・4　クロード・モネ（1840-1926）

モネと印象派

具象芸術から抽象芸術への移行がいくぶん進んでから、フランスの画家クロード・モネ（図5・4）は、それに類似する複雑さの還元を達成した。モネは初期の頃、一八六五年の作品『草上の昼食（*Le Déjeuner sur l'Herbe*）』（図5・5）など、公園での昼食会を主題とする一連の具象的な絵を描いていた。それらの

図5・5　クロード・モネ『草上の昼食』（右側、1856-1866）

絵は、エドゥアール・マネの同名の作品に挑戦すると同時に、それを補完するものでもあった。マネの絵では、裸体の女性が、二人の服を着た男性と一緒に公園で気ままに昼食をとっている。マネはこの絵を、解放的かつ挑戦的であるよう意図して描いているが、多くの鑑賞者は単純に衝撃的なものとしてとらえた。

　モネの絵はマネの絵より慣例的でありながらも、人物の動作のとらえ方において、瞠目すべきものがある。モネは一八六五年の『草上の昼食』で、左腕を伸ばしている男性と、すわって昼食のために皿を用意している女性のかたわらに、立って髪を直している女性を描いている。男性の左腕とすわっている女性の左腕の視覚的な連続性は、通常は歴史画で用いられているサイズの巨大ですばらしい絵の空間内で、鑑賞者の視線を循環させる。

　これらの絵を制作した直後の一八七〇年から一八八〇年にかけて、ピエール＝オーギュスト・ルノワール、アルフレッド・シスレー、フレデリック・バジールらがモネに加わり、カミーユ・ピサロ、ポール・セザンヌ、アルマン・ギヨマンらとともに近代画家による一大運動を創設する。彼らは、野外で描き、一日を通じて光の性質が変化していく様をとらえ、純色を用い、輪郭をぼかし、イメージの平面化を強調した。なお純色の使用、輪郭のぼかし、イメージの平面化は抽象芸術の誕生へと至る初期の三つの段階をなす。この運動は、モネの作品『印象・日の出（*Soleil Levant*）』（図5・6）にあやかって、「印象派」という名で呼ばれるようになった。この名称は、画家に対する自然の光景の効果と、鑑賞者に対する印象派絵画の効果の両方を示唆する。

靄のかかったル・アーヴル港の日の出の光景を描く『印象・日の出』は、写実的な描写を行なうのではなく、鑑賞者にその光景に対する主観的感覚を喚起するよう意図されたゆったりした筆運びで描かれている。パリの新聞に寄稿していた批評家のルイ・ルロワは、この作品が持つ未完成性を「でき損ないの壁紙のほうが、あの海景画より完成している」と酷評した（Rewald 1973）。一部にはターナーの影響もあり、モネをはじめとする印象派の画家たちは、線や輪郭よりも自由奔放な色彩を基調に絵を描くようになった。その結果、印象派の絵は一般に、抽象芸術の誕生に大きな影響を及ぼすことになる。

図5・6　クロード・モネ『印象・日の出』（1872）

モネは、光の状態の遷移に応じた具象イメージの変化の様相を表現するために、さまざまな時間帯に干し草の山や教会を描くことで、「シリーズ」絵画を制作し続けた。彼は、限られた色の合成油絵具を直接チューブから出して使い、カンバス上で色を混ぜた。

一八九六年、モネは白内障にかかり視力に障害が生じた。そのような状況のもとで彼は、最後のシリーズとなり、彼の作品のなかでももっともよく知られている、睡蓮を描いた二五〇点の油彩画を制作したのだ。この作品群は、一八九〇年から一九二〇年にかけて、日本風の木造の橋と睡蓮の庭を造成したジヴェルニー〔ノルマンディー地方に位置する〕で描かれている。作品には、より抽象的な要素が次第に取り入れられるようになり、かくして静観的な鑑賞態度が求められるようになった（図5・7）。視覚障害が絵に影響を及ぼしたのか否かは定かでないが、そのために彼は、細部の還元を余儀なくされたことは確かであろう。一九二三年、彼は友人のベルネーム＝ジューヌに、「視力の低下のせいで、あらゆるものが霧に包まれているかのように見える。だが、それでもとても美しい」と書き送っている。

図5・7　クロード・モネ『睡蓮』（1906）

一九一八年一一月一二日、第一次世界大戦が休戦協定の締結により終結したその翌日、モネはフランス政府に「平和の記念碑」として一連の巨大な絵画を寄贈することを約束した。一九二六年、彼が八六歳で死去してからほどなくして、フランス政府はパリのルーヴル美術館の近くにあるオランジュリー美術館に、睡蓮を描いた八点の作品を永久保存するために、二つの扇型の画廊を設けた。鑑賞や観照のための座席を備えた二つの画廊はほぼいつでも、作品が持つ、ゆったりとした筆づかい、輝かしい色彩、豊かな肌理(きめ)に魅惑される人々であふれている。壁にかけられたほとんどの絵には空が描かれておらず、睡蓮の池の無限性が感じられる。これらのすばらしい作品は、美とあいまいさに満ちており、そこにはアーティストと主題の対話から画家とカンバスの対話への変化のきざしが認められる。この対話については、ジャクソン・ポロックを取り上げるときに検討しよう。

ターナーの絵と同様、モネの絵には抽象への移行は独自の魔力を持つこと、また、抽象芸術は具象芸術より啓発的でありうることを見て取ることができる。

シェーンベルク、カンディンスキー、そして最初の真の抽象イメージ

画家は、抽象芸術に移行するにあたって、自分の制作する絵画と音楽のあいだに類似性を見るようになる。音楽は特定の内容を持たず、音や時間分割に関する抽象的な構成要素を用いているにもかかわらず、私たちの心を強く揺さぶる。ならば、絵画が特定の内容を持たねばならない理由はあるのか？　この問いは、散文詩という新たなスタイルの詩を生み出し、現代生活における変化する美の性質を取り上げた有名な詩集『悪の華』を刊行したフランスの詩人シャルル・ボードレールが取り組んだものである。ボードレールが論じるところでは、私たちが備える諸感覚は、おのおのが限られた範囲の刺激に反応するが、より深い審美的レベルでは、すべての感覚が、互いに関連し合っている。その意味でも、最初期の真の抽象絵画が、抽象音楽の開拓者であったアルノルト・シェ

図５・８　ワシリー・カンディンスキー『教会のあるムルナウ風景１』（1910）
©Artists Rights Society (ARS), New York

ーンベルク（一八七四～一九五一）によって描かれたという事実はとりわけ興味深い。

現代美術の歴史において繰り返し語られるエピソードによれば、ロシアの画家で美術理論家のワシリー・カンディンスキー（一八六六～一九四四）は、具象絵画を放棄しようとしていたが、一九一一年一月一日になるまで完全にはその決意を果たせなかった。その日彼は、ミュンヘンで催されたニューイヤーコンサートで、シェーンベルクの『弦楽四重奏曲第二番』（一九〇六）と、『三つのピアノ曲　作品番号一一』（一九〇九）を初めて聴いた。新ウィーン楽派を創設した作曲家としてよく知られるシェーンベルクは、主調音がなく音色や音響が変化するだけの新たな調性概念を導入した。

カンディンスキーは、この無調と呼ばれる音楽の革新的な形態を知って衝撃を受けた。そこから、それまでの慣例（古典音楽における主調という概念）を破棄して、より抽象的なアプローチを取れることを学んだのである。彼はそれ以来、自然を表現する絵画の慣例を脱して、具象絵画の最後の残滓を捨て去った。『教会のあるムルナウ風景1（*Murnau with Church 1*）』（図5・8）では明るい色を用いているが、教会の外形はあいまいである。一九一一年には『コンポジションV（*Sketch for Composition V*）』（図5・9）という、それまでの絵画で焦点をなしていた自然や、識別可能な物体への参照がまったくない作品を制作している。この作品は一般に、最初の抽象絵画とされ、西洋美術史の流れにおける歴史的な作品と見なされている。

カンディンスキーによる抽象性の取り込みは、彼の絵の魅力を損ないはしない。また鑑賞者の絵に対する関与を阻害するわけでもない。むしろ『コンポジションV』は『教会のあるムルナウ風景1』の具象的構成要素に比べ、鑑賞者の目と心により大きな課題をつきつけ、想像力をより強く喚起するはずだ。

図5・9　ワシリー・カンディンスキー『コンポジションV』（1911）

カンディンスキーは、印象派とキュビズムという、視覚芸術における二つの大きな潮流に影響を受けている。印象派の画家たちは、見たものを正確に見たとおりに描く必要はないと考え、感じたこと、つまり自分の心の状態を伝えた。この認識は、フェルナン・レジェの『森の裸体（*Nudes in the Forest*）』（一九〇九）や、ジョルジュ・ブラックの『メトロノームと静物（*Still Life with Metronome*）』（一九〇九）を嚆矢とするキュビストの作品によってさらに一歩進められた（Braun and Rabinow 2014）。レジェとブラックはセザンヌ同様、絵から遠近感を取り除き、異なる視点から同じイメージを描くことが多かった。抽象画という概念の開拓者であるカンディンスキーは、色彩や記号（サイン）や象徴（シンボル）によって抽象的なフォルムを表現した最初のアーティストであった。彼は、鑑賞者が、サインやシンボルや色彩を、記憶から呼び起こされたイメージ、観念、できごと、情動に結びつけるということを直感的に認識していたのだ。

セザンヌとキュビストの作品に触発されたカンディンスキーは、『アートにおけるスピリチュアルなものについて（*Concerning the Spiritual in Art*）』（一九一〇）と題する、先見の明ある本を著した。さらに一九二六年には、二冊目の著書『点と線から平面へ（*Point and Line to Plane*）』を刊行した。彼は二冊の著書で、線、色、光を強調することで絵の構成要素をより客観的なものにし、抽象化を系統的に行なえると指摘している。さらには、抽象の哲学的基盤を提起している。彼の論じるところによると、絵画は音楽と同様、物体を表現する必要はなく、人間の精神や魂の至高の側面は、抽象を通じてのみ表現することができる。音楽が聴き手の心を揺さぶるように、絵画におけるフォルムや色は、鑑賞者の心を動かすのである。

抽象化の歴史に関してあまり知られていない事実を紹介すると、音楽の偉大な革新者であったシェーンベルクは、カンディンスキーより一年早く、抽象画の分野でも革新をなし遂げている（Kallir 1984; Kandel 2012）。カンディンスキーら、他の開拓者たちが風景画を経て抽象画に接近したのに対し、才能ある独創的な画家でもあったシェーンベルクは、肖像画を経て抽象画に到達した。このような経緯は、その後二〇世紀中盤にウィレム・デ・クーニングが現われるまで見られなかった。

シェーンベルクは、一九〇九年に表現主義的な自画像（図5・10）を描くことで画家としてのキャリアを開始し、すぐに彼自身が「ビジョン」と呼ぶ、より抽象的な絵を描くようになった（図5・11〜図5・13）。一九一〇年の作品『赤い凝視（*Red Gaze*）』（図5・12）と『思考（*Thinking*）』（図5・13）は、彼の意図を解釈するよう鑑賞者に挑戦している。この解釈は、鑑賞者自身の想像力に大幅に依拠せざるをえないだろう。このような還元主義的アプローチは、ピエト・モンドリアン、デ・クーニング、ポロック、マーク・ロスコ、モーリス・ルイスらの作品を通じて、さらに抽象化の度合いが増し、系統的なものになっていく。彼らの作品は、鑑賞者の関与を促すという点でより希薄になったのではなく、より濃厚になったのである。

図５・10　アルノルト・シェーンベルクの自画像（1910）

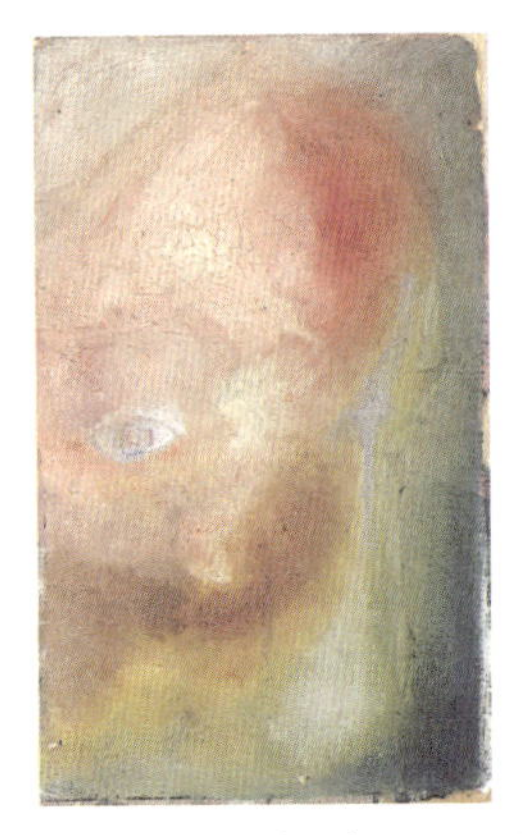

図５・11　アルノルト・シェーンベルク『凝視（*Gaze*）』（1910 頃）

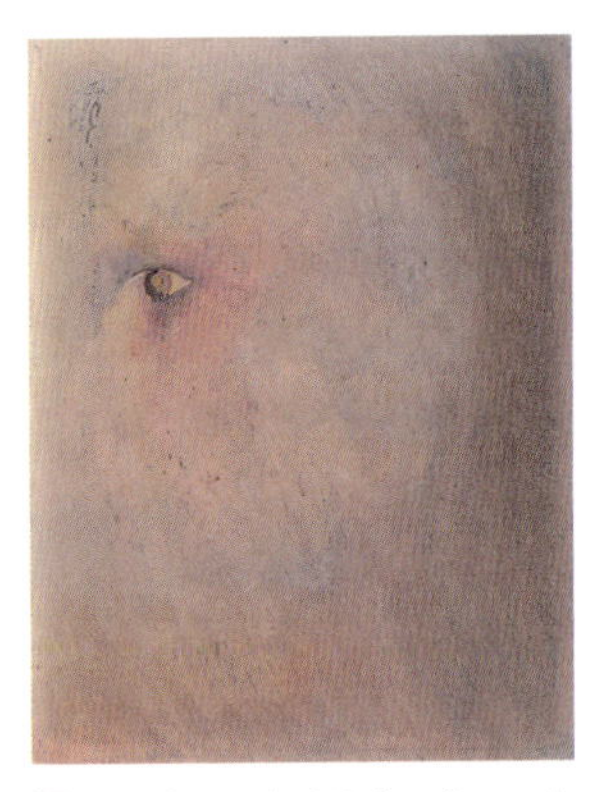

図５・12　アルノルト・シェーンベルク『赤い凝視』（1910）

図５・13　アルノルト・シェーンベルク『思考』（1910 頃）

第6章　モンドリアンと具象イメージの大胆な還元

初期の抽象画家のなかでもっとも急進的な還元主義者と言えるのは、純然たる線と色で絵を描いたオランダの画家ピエト・モンドリアンであろう。モンドリアンは一八九二年、二〇歳でアムステルダム美術院に入学し、その翌年には生涯初の個展を開いている。のちにパリに移るが、一九三八年にそこを去り、ロンドンに短期間滞在したあと一九四〇年にニューヨークに移住した。そこで彼は、ニューヨーク派のアーティストたちに出会ったのである。

J・M・W・ターナー、アルノルト・シェーンベルク、ワシリー・カンディンスキーらと同様、モンドリアンは具象画家としてキャリアを開始している（図6・1）。当時オランダでもっとも有名な画家であったフィンセント・ファン・ゴッホの影響を受け、田園風景、農場、風車小屋などを描いていた。彼の技量の高さは、『ガインの風車小屋（*Windmill in the Gein*）』（一九〇七）や『ウーレ近郊の森（*Woods Near Oele*）』（一九〇八）などの初期の作品にすでに見て取ることができる（図6・2、図6・3）。

モンドリアンは一九一一年、アムステルダムでパブロ・ピカソ、ジョルジュ・ブラックらキュビ

図6・2　ピエト・モンドリアン『オーストザイゼの風車、パノラミックな日没と明るく反射する色彩（*Oostzijdse Mill with Panoramic Sunset and Brightly Reflected Colors*）』（1907-1908、油彩、カンバス、99×120cm）

図6・1　ピエト・モンドリアン（1872-1944）

図6・3　ピエト・モンドリアン『ウーレ近郊の森』（1908、油彩、カンバス、128×158cm）

ストの作品を集めた展覧会を観たあとでパリに移り、そこで分析的キュビストのスタイルで絵を描き始め（Blotkamp 1944）、ピカソやブラック同様、強い影響力を持っていたポール・セザンヌの技法を探究するようになる。ちなみにセザンヌは、あらゆる自然のフォルムを、立方体、円錐体、球体という三つの基本形態に還元することができると考え、分析的キュビストに大きな影響を及ぼしていた（Loran 2006; Kandel 2014）。モンドリアンは、分析的キュビズムに造形的要素を見出し、キュビストによる幾何学的形状や重なり合う平面の使用を取り入れ始める。木などの特定の物体を数本の線に還元し、それらの線を周囲の空間に結びつけたのだ（図6・4）。そのため木の枝と周囲の空間が絡まり合っているように見える。だが、キュビストの作品が、破砕された空間から成る複雑な舞台（アリーナ）に単純な図形を配置したのに対し、モンドリアンのアートは還元主義的な度合いをさらに増していった。彼は具象的要素をもっとも基本的なフォルムへと切り詰め、遠近感を完全に取り去ったのである。

図6・4　ピエト・モンドリアン『木（*Tree*）』（1912、油彩、カンバス、75 × 111.5cm）

モンドリアンはフォルムの普遍的な側面を追求するにあたり、直線と最低限の色から構成される完全に非具象的な絵画を考案した（図6・5）。こうして彼は、自然のもとに存在する具体的なフォルムをまったく参照しない、独自の意味を持つ単純な幾何学的フォルムに基づいた、新たなアートの言語を系統的に築き上げることに成功した。逆説的にも彼は、自然や宇宙を支配している神秘的なエネルギーの本質をなすと彼自身が考えているものを保存するために、この還元主義的アプローチを用いたのである。かくして、イメージを内容から解き放ち、その本質に関する知覚を構築することで、鑑賞者がそのイメージに対する独自の知覚を築けるようにしたのである。

図6・5　ピエト・モンドリアン『線と色のコンポジションNo. Ⅱ（*Composition No.II Line and Color*）』（1913、油彩、カンバス、88 × 115cm）

一九五九年、脳科学者たちは、モンドリアンが用いた還元主義的な言語を支える重要な生物学的基盤を発見した。ジョンズ・ホプキンス大学からハーバード大学に移ったデイヴィッド・ヒューベルとトルステン・ウィーセルは、脳の一次視覚皮質の各神経細胞が、単純な線や、垂直、水平、傾斜など特定の向きをした縁（エッジ）に反応することを見出したのだ（図6・6）。これらの線は、フォルムや輪郭の基本構成要素をなす。最終的には高次の脳領域で、エッジや角度が集められて幾何学的形状が形成され、それが脳内のイメージ表象を構成する。

ゼキはこれらの生理学的発見について次のように述べている。

> ある意味で、私たちの探究とその結果は、モンドリアンらによるものと異なりはしない。モン

ドリアンは線を、他のより複雑なフォルムを構成する普遍的なフォルムとして考えていた。生理学者の考えでは、何人かのアーティストが普遍的なフォルムであると考えているものに特に反応するまさにその細胞が、神経系によるより複雑なフォルムの表象を可能にしているメカニズムの基盤をなす。視覚皮質の生理学とアーティストの創造の類似性がまったく偶然のものであるとは考えにくい。(Zeki 1999, *Inner Vision* 113)

線の特定の向きを示す刺激に反応する細胞に関するヒューベルとウィーセルの発見は、モンドリアンの作品に対する鑑賞者の反応を部分的に説明するのかもしれないが、モンドリアンが斜線を排

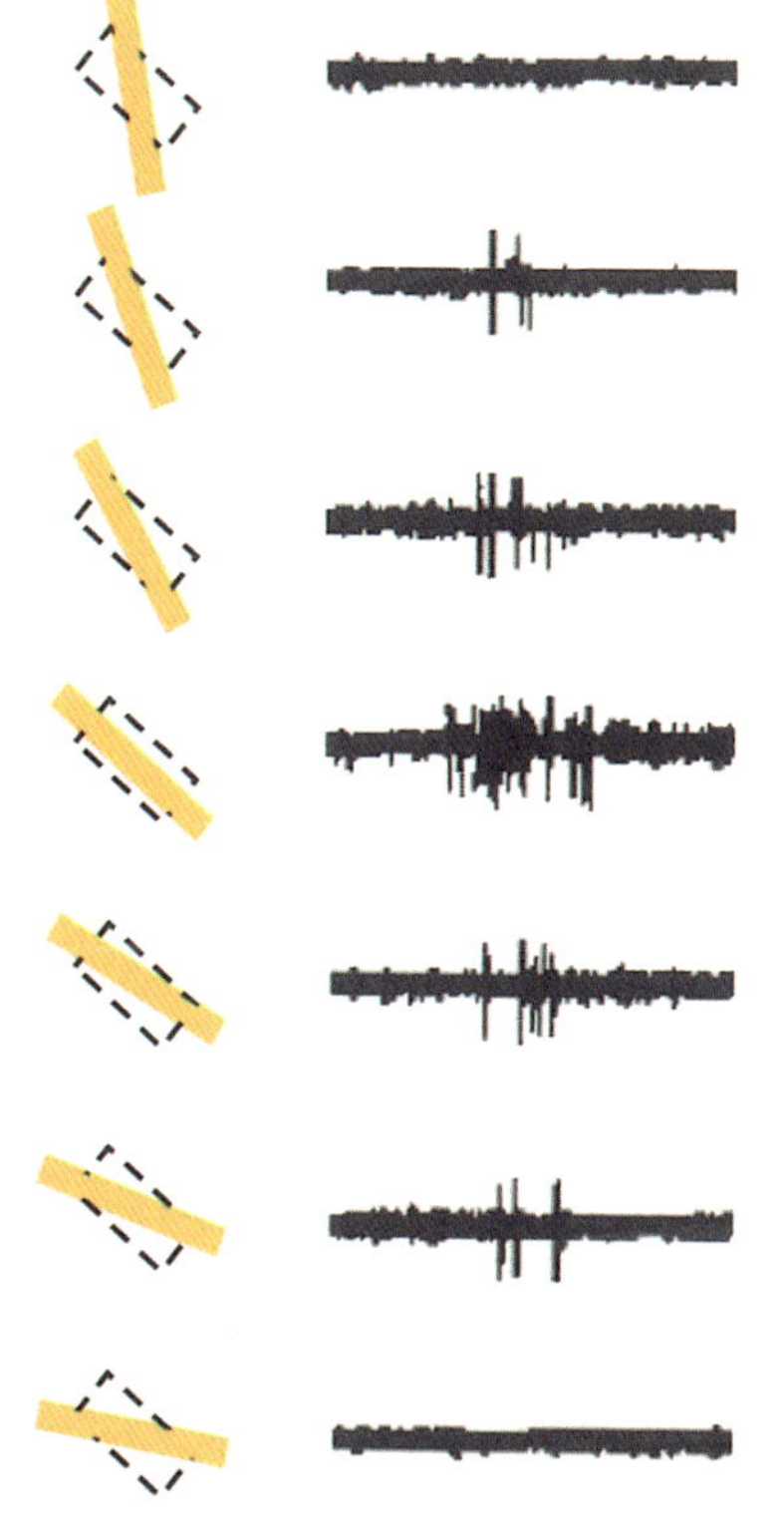

図6・6　一次視覚皮質のニューロンは、受容野の特定の向きの線分に選択的に反応する。この図の細胞は、10時の方向から4時の方向へと走る斜線にもっとも激しく反応している。この選択は、脳による物体のフォルムの分析の第一段階をなす。

して水平方向と垂直方向の線に焦点を絞った理由は説明しない。彼にとって水平方向と垂直方向の線は、正と負、動と静、男性性と女性性などといった、生命の二つの対立する力を意味していた。この還元主義的な見方は、彼の作品の進化に反映されている。あるいは彼は、特定の角度を排除してそれ以外の角度に焦点を絞ることで、そのような省略をめぐって鑑賞者の好奇心や想像力を喚起しようとしたのかもしれない。

ロックフェラー大学のチャールズ・ギルバートが指摘するように（二〇一二年の私信による）、線を軸とするモンドリアンの絵は、一次視覚皮質で生じる中間レベルの視覚処理を動員するのだろう。ここまで見てきたように、中間レベルの視覚処理は、物体の形状を、どの表面や境界がその物体に属し、どれが背景に属するのかを決定することで分析している。この決定は、統合された視野を形成するにあたって第一歩をなす（Gilbert 2013a）。またモンドリアンの絵はトップダウン処理に服し、その過程で、彼の他の作品や他の画家の作品を観たときの経験の影響を受ける。

モンドリアンに追随する現代の多数の画家の作品では、線が重要な役割を果たしている。たとえばフレッド・サンドバッグ、バーネット・ニューマン、より程度は低いがエルスワース・ケリーやアド・ラインハートの作品がそれに該当する。線の強調が、アーティストの幾何学に対する関心や知識に由来するわけではないことはまず間違いない。むしろ、セザンヌに倣って視覚世界の複雑なフォルムを基本要素に還元し、ルネサンスの画家が遠近法によって行なったのと同じように、フォルムの特質と、脳がフォルムを規定する際に用いているルールを推測しようとする彼らの努力に由来すると見るべきだろう。

モンドリアンは、一九二〇年代の終わり頃から死去する一九四四年までに制作した後期の作品で、それと同じ急進的な還元主義的アプローチを色彩にも適用した。白いカンバスを垂直方向と水平方向の黒い線で分割し、用いる色の範囲を、赤、黄、青という三つの原色に絞ったのである（図6・7、図6・8）。これらの後期の絵では、フォルムや色の還元によって動きの感覚がかもし出されている。そのことはおそらく『ブロードウェイ・ブギウギ（*Broadway Boogie Woogie*）』にもっとも明確に見て取ることができる（図6・8）。この絵を見ていると、ほとんどブギウギのビートが感じられるほどだ。また私たちの目は、カンバス内を循環しながら赤、青、黄のブロックを次々と追うよう仕向けられる。ロバート・スミスが指摘するように（Smith 2015）、モンドリアンの色彩画が持つ脈

図6・7　ピエト・モンドリアン『赤、青、黄、黒のコンポジションNo.Ⅲ（*Composition No.III, with Red, Blue, Yellow, and Black*）』（1929、油彩、カンバス、50 × 50.5cm）

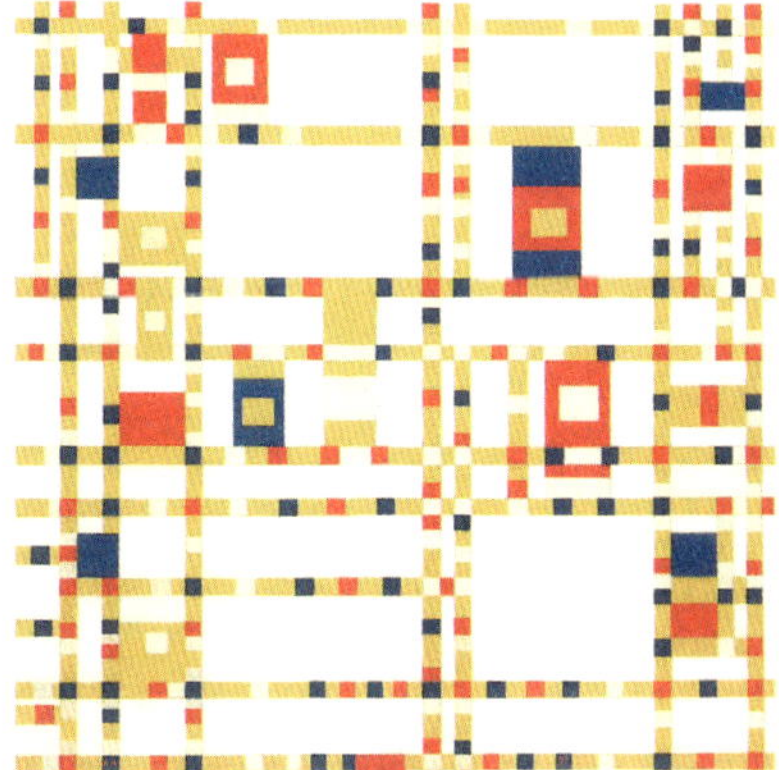

図6・8　ピエト・モンドリアン『ブロードウェイ・ブギウギ』（1942-1943、油彩、カンバス、127 × 127cm）

打つ性質は総体として、ジャクソン・ポロックのドリップ絵画に見出される絶えまない動きと驚きの感覚を予感させる。

モンドリアンはその後も折に触れて具象的な作品を制作しているが、基本的なフォルムと色を用いることで、あらゆる芸術に本質的に備わる普遍的な調和を表現できると感じていた。そして現代アートに対する彼のスピリチュアルな展望は、やがて文化の境界を超えて、カンバス上に描かれた原色、平坦なフォルム、ダイナミックな緊張感に基づく世界共通の国際言語になるはずだと信じていた。

一九二〇年代前半には、モンドリアンは、自身のアートとスピリチュアルな関心を、具象画との完全な決別を予兆する一つの理論へと融合していた（「Neo-Plasticism in Pictorial Art」というタイトルで発表されている）。自身の作品に関する次の記述は、アートにおける還元主義的アプローチの適用を宣言する一種のマニフェストとしてとらえることができるだろう。

> 私は、細心の注意を払って普遍的な美を表現するために、平面上に線と色のコンビネーションを構築する。自然（や自分が見ているもの）は、どんな画家にも言えることだが、私を特定の情動的な状態に置いて啓発し、何かを生み出したいという衝動を引き起こす。しかし私の望みは、真実にできる限り近づき、ものごとの根底（依然として外的な基盤の一つにすぎないのではあるが）に達するまで、そこからすべてを抽象することだ。（Mondrian 1914）

第7章　ニューヨーク派の画家たち

ニューヨーク派の画家はスタイルこそ多様であったが、新たな形態の抽象様式を生み出し、それを用いて情動や表現の面で鑑賞者に強く訴えかけようとする点で共通していた。またニューヨーク派のアーティストの多くは、「アートは無意識から生まれる」というシュルレアリストの考えに啓発されていた。

抽象表現主義と呼ばれるこの新しいアートに至る道を先導したのは、ウィレム・デ・クーニング、ジャクソン・ポロック、マーク・ロスコの三人であった。彼らは皆、ほぼ完全に具象芸術を放棄したとはいえ、具象画家としてキャリアを開始し、その経験から多くを学んでいる。転じて私たち鑑賞者は、彼らがいかに、独自の、ときに選択的なあり方で具象芸術から抽象芸術へと移行したのかを知ることで、アートに対する還元主義的アプローチの適用について多くを学ぶことができるだろう。

美術評論家のクレメント・グリーンバーグは、抽象表現主義を、デ・クーニング、ポロックらのジェスチュラル・ペインティング［アクション・ペインティング］と、ロスコ、モーリス・ルイス、

図7・1　ウィレム・デ・クーニング（1904-1997）
©Tony Vaccaro / Archive Photos / Getty Images

バーネット・ニューマンらのカラーフィールド・ペインティングという二つのグループに分けている（Greenberg 1961,1962）。しかし美術史家のロバート・ローゼンブラムが指摘するように、この区別は、崇高さを追及するニューヨーク派のアーティストたちの共通の意図に比べれば重要ではない（Rosenblum 1961）。ジェスチュラル画家は、ピエト・モンドリアン同様、彼らのアートの高度に探究的な性格と具象的要素の排除において際立つ。その意味で、デ・クーニングもポロックも還元主義者だと言える。とはいえモンドリアンやカラーフィールド画家とは異なり、作品が非常に複雑になりがちなデ・クーニングやポロックは、具象的要素の還元と、画家としての豊かな経歴をうまく結びつけていた。

デ・クーニングと具象的要素の還元

ウィレム・デ・クーニング（図7・1）は、一九〇四年にオランダで生まれ、一九二六年にアメリカに移住している。若い頃にロッテルダム美術工業学校で八年間アートの訓練を受けており、現代ヨーロッパの感性をアメリカに持ち込んだ点で、他のニューヨーク派の画家たちとは異なる。

デ・クーニングは一九四〇年、『すわる女（*Seated Woman*）』（図7・2）に明確に見て取れるように、表現主義と抽象的な傾向を融合した具象的な絵を、主として女性を対象に描き始めている。一九四〇年代後半から一九五〇年代前半にかけて、『ピンクの天使（*Pink Angels*）』（図7・3）に見られるように、彼の作品はより抽象度が高まり、彼の芸術的想像力の確固たる焦点をなしていた女性の姿を抽象的な幾何学的フォルムに還元するようになった。

この時期を代表するデ・クーニングの絵が二点ある。『発掘（*Excavation*）』（図7・4）と『女性Ⅰ（*Woman I*）』（図7・5）だ。一九五〇年に描かれた『発掘』は一般に、二〇世紀の絵画のなかでもっとも重要な作品の一つと見なされている。デ・クーニングの伝記著者マーク・スティーヴンスとアナリン・スワンは、デ・クーニングが「アメリカの世紀」の興奮にとらえられ、自分もその恩恵を受けなければならないと感じていたと述べている（Stevens and Swan 2005）。二人は次のように書く。

図7・2　ウィレム・デ・クーニング『すわる女』（1940）©2016 The Willem de Kooning Foundation / Artists Rights Society (ARS), New York

『発掘』とは、第一に欲望の発掘であった。呪文を唱えたかのように身体が絶え間なく立ち現われてくるが、眼中に長くとどめておくこ

図7・3　ウィレム・デ・クーニング『ピンクの天使』（1945、油彩・チャコール、カンバス、132.1 × 101.6cm）©2016 The Willem de Kooning Foundation / Artists Rights Society (ARS), New York

とはできない。肉体を完全に所有することは決してできないのだ。これ以上わずかでも描写が安定していたら、手の愛撫、胸の高鳴りなど、欲望の必須の構成要素をなす身体の動きの感覚は損なわれていただろう。

ヨーロッパの絵画は数十年間、古典主義的な自制と表現主義的な衝動のあいだ、とりわけキュビズムとシュルレアリズムのあいだを揺れ動いていた。デ・クーニングのサークルでは、キュビズムは空間を組織化する一つの方法を示しているだけでなく、十全に構築された絵画を制作する責任をも体現していた。デ・クーニングはヨーロッパの遺産を強く意識しており、画家としてキュビストの業績とシュルレアリストの業績の両方に対し敏感であった。キュビストはセザンヌにさかのぼる伝統を受け継ぎ、シュルレアリストは過去への執着より私的な夢に自らの権威を見出していた。

デ・クーニングは『発掘』で、現代における真理に関するこれら二つの主張の威厳ある統合を果たした。力強くかつ均整のとれたスタイルによって、キュビストが示す構造の厳格な中立性と、シュルレアリズムが持つ私的な衝動や自発性を統合したのだ。美術史を通じて、歴史、秩序、伝統に対してこれほど大きな敬意を払いつつ、動きの自発性を称揚した作品は他にはほとんどないだろう。さらに言えば、ペペ・カーメルが指摘するように（私信による）、デ・クーニングは『発掘』で、形を反復し増殖させて、カンバス全体に一貫して広がる肌理（きめ）のパターンを生み出し、『ピンクの天使』に見られる図と地の区別を捨て去った。

図7・4　ウィレム・デ・クーニング『発掘』（1950）
©2016 The Willem de Kooning Foundation / Artists Rights Society (ARS), New York

デ・クーニングは、キュビズムとシュルレアリズムの統合に、強いアメリカ的性格を与えた。『発掘』は精力的で脈動している。おそらくはモンドリアンの『ブロードウェイ・ブギウギ』（図6・8）を除けば、ジャズのシンコペーションを思わせる都市の力動をこれほどみごとに伝える作品は他にないだろう。鑑賞者の目は、リズム感あふれる線に沿って止まったり、動いたり、急に曲がったり、曲がった先で広い空間に出たり、ちらっと具象的な形が見えたりと、さまざまな速度で絵を見るはずだ。色彩は目を欺くかのように眼前を横滑りし、消えていく。つまり『発掘』は、ニューヨークでの現代的な生活を

図7・5　ウィレム・デ・クーニング『女性Ⅰ』（1950-1952）©2016 The Willem de Kooning Foundation / Artists Rights Society (ARS), New York

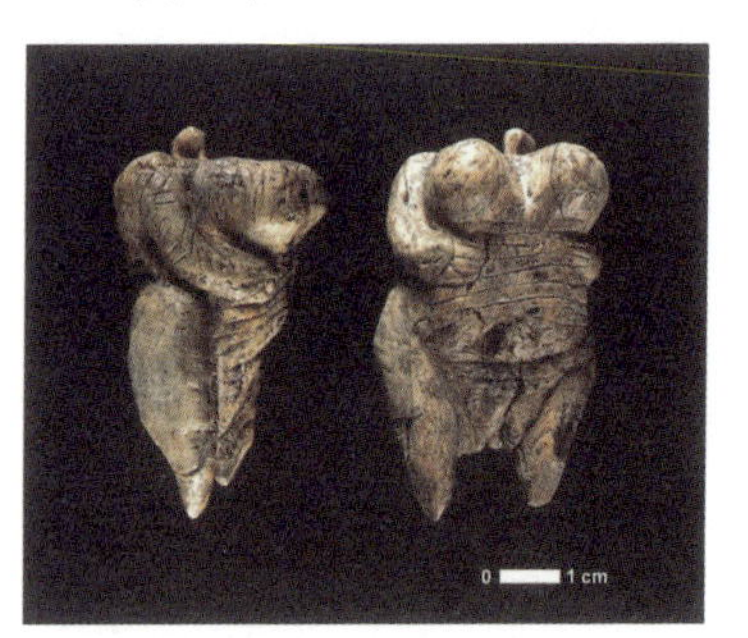

図7・6　現在知られている最古の女性の彫像、ホーレ・フェルスのヴィーナス。紀元前3万5000年頃

抽象的な方法で表現した、デ・クーニング流の即興なのだ。

一九五〇年代前半のデ・クーニングの作品で『発掘』に次いで重要な『女性Ⅰ』（図7・5）では、抽象化された胸の豊かな妖婦を描くことで、新たな具象的表現に向けて足を踏み出した。『女性Ⅰ』は、歯をむき出しにした微笑み、ハイヒール、黄色いドレスからも明らかなように、明らかに当時のアメリカ女性を描いている。少なくとも一部は、マリリン・モンローを意識しているようにも思われる（Gray 1984; Stevens and Swan 2005）。美術史家のワーナー・スパイズによれば、この絵が巻き起こしたセンセーションに匹敵しうるのは、理想化された女性ではなく、鑑賞者をじかに見つめる成熟した女性を描くことで、当時の社会的慣習に敢然と挑戦したマネの『オランピア』をめぐって引き起こされたスキャンダルだけだそうだ（Spies 2011, 8:68）。

『女性I』は、美術史において今日に至るまで、もっとも大きな不安を掻き立てる女性のイメージを描いた絵の一つであると考えられている。母親の虐待を受けて育ったデ・クーニングは、『女性I』で多産、母性、攻撃的な性的力、野蛮など、この永遠の女性のさまざまな側面をとらえたイメージを創造している。彼女は、太古の大地の母（アース・マザー）であるとともにファムファタルでもある。牙のような歯と、巨大な胸の形を反復する大きな目によって特徴づけられたこのイメージによって、彼は新たな女性の統合を表現したのである。

『女性I』と、多産を象徴する最古の土器（図7・6）や女性のエロティシズムを描いたクリムトの現代絵画（図7・7）を比べてみるのは、実に興味深い。豊穣の女神と見られる「ホーレ・フ

図7・7　グスタフ・クリムト『ユディト』（1901）
©Belvedere, Vienna

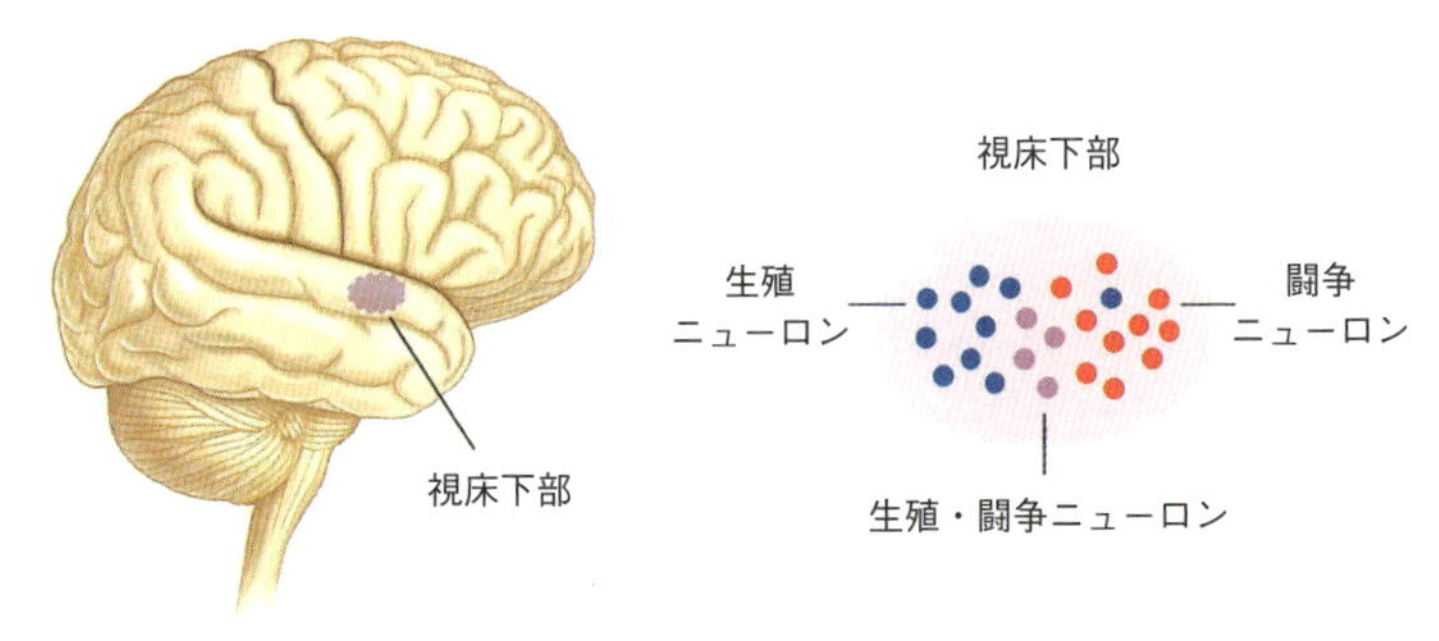

図7・8　視床下部は、隣接し合うニューロンの二つのグループを含んでいる。一方のグループは攻撃性（闘争）を、もう一方は生殖を統制する。二つの個体群の境界に位置するニューロンには、いずれの行動によっても活性化されるものもある（生殖・闘争ニューロン）。（Anderson 2012のデータに基づく）

エルスのヴィーナス」は、およそ三万五〇〇〇年前にマンモスの牙から製作されたものである。このヴィーナスに顔はなく、女性器、胸部、腹部など、女性の特徴が粗野に強調されている。これは、豊穣や多産との強い関連を示唆する。『女性Ｉ』にもその種の強調された要素が認められるが、ホーレ・フェルスのヴィーナスにはデ・クーニングの絵が持つ攻撃性や野蛮さは見られない。

エロティシズムと攻撃性の融合は、その後西洋美術に見られるようになり、たとえばグスタフ・クリムトが一九〇一年に描いた、鑑賞者を誘惑する美しい絵『ユディト』（図7・7）に如実に見て取れる。この絵でクリムトは、性交後の陶酔のなかでホロフェルネスの生首をもてあそぶユダヤ人のヒロインを描いている。彼女はこのアッシリアの将軍が行なっている攻城を解いて人々を救うために、彼に酒をしつこく勧めて誘惑し、首を切り落としたのである。クリムトは、彼が制作した全作品を通じて、女性も男性同様、エロティシズムから攻撃性に至るまで、一連の性的な情動を経験していること、そしてエロティシズムと攻撃的な情動が融合しやすいことを示した。異なる側面ももちろんあるが、『ユディト』も『女性I』も、強い性的な力を描写している点では共通する。とりわけ注目すべきことに、どちらの絵でも描かれている女性は歯を見せている。

脳科学者は現在、クリムトやデ・クーニングが絵に描いた性と攻撃性の融合を探究しているところだ。カリフォルニア工科大学のデイヴィッド・アンダーソンは、情動的な行動の神経生物学的な研究によって、性と攻撃性をめぐる葛藤する情動状態の生物学的な基礎の一端を見出している（図7・8）。

情動は扁桃体と呼ばれる脳領域によって調整されること、また、扁桃体は養育、扶養、生殖、怖れ、争いなどの本能的な行動をコントロールする神経細胞を宿す領域、視床下部と連絡を取り合っていることを見てきた（第3章、図3・5）。アンダーソンは、視床下部の内部にニューロンの束である神経核が存在し、そこには攻撃性を調節するニューロン群と、生殖を調節するニューロン群という、二つのはっきりと区別されるニューロン群が含まれているのを発見した（図7・8）。それら二つのニューロン群の境界に位置するニューロンのおよそ二〇パーセントは、生殖の最中にも闘争の最中にも活性化する。この事実は、これら二つの行動を調節する脳の神経回路が、互いに密接に結びついていることを示唆する。

生殖と闘争という二つの相互に排他的な行動が、同一のニューロン群に媒介されるなどということが、なぜ起こりうるのか？　アンダーソンは、生殖か闘争かの相違が、与えられた刺激の強さによるものであることを発見した（図7・9）。つまり前戯などの弱い感覚刺激は生殖につながる行動を活性化し、危険などのより強い刺激は闘争を引き起こすのだ。

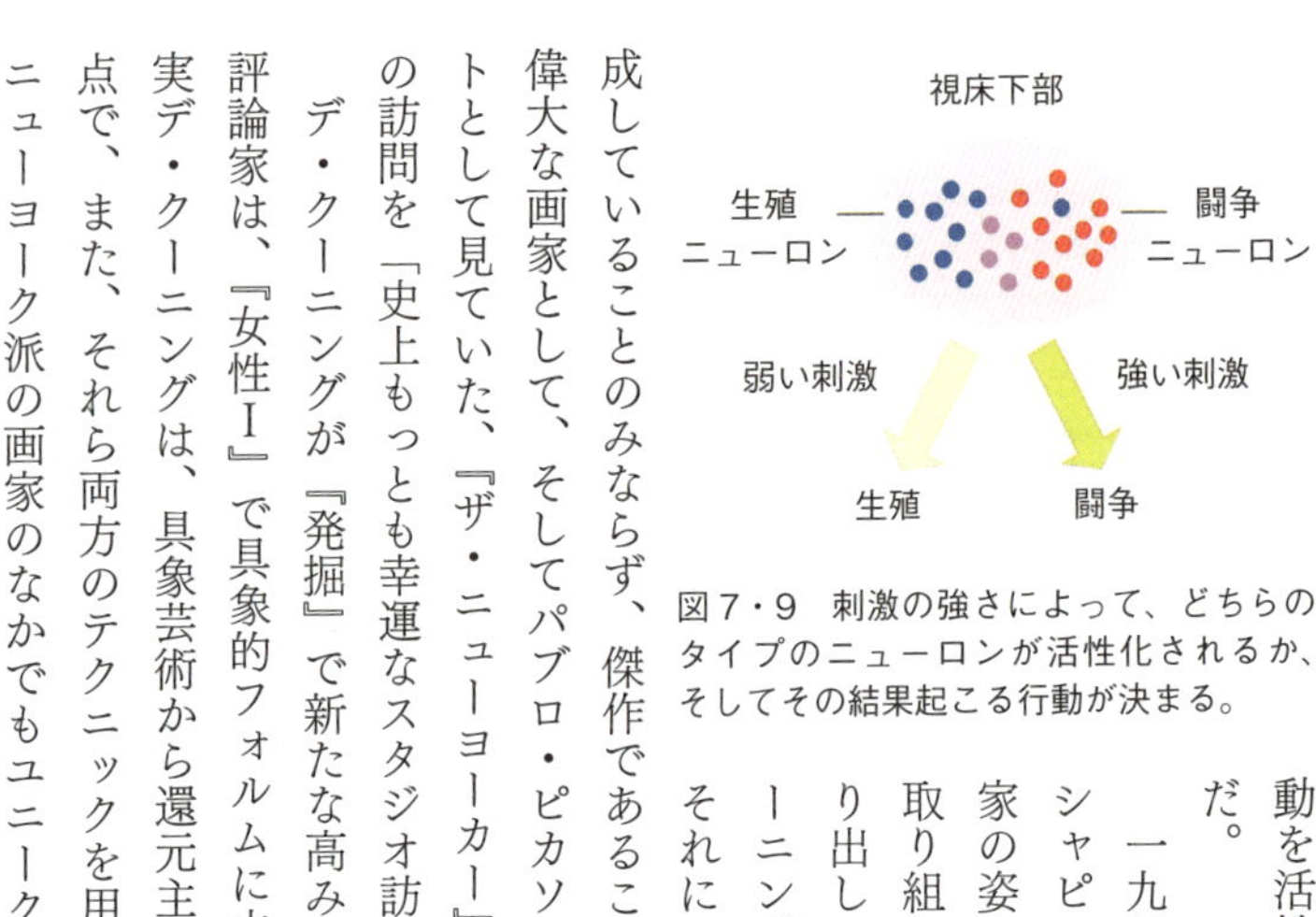

図7・9　刺激の強さによって、どちらのタイプのニューロンが活性化されるか、そしてその結果起こる行動が決まる。

一九五二年にデ・クーニングのスタジオを訪れたマイヤー・シャピロは、そこに『女性Ｉ』をめぐって悲嘆にくれている画家の姿を見出した。デ・クーニングはこの作品の制作に一年半取り組んだあと、断念していたのだ。ソファーの下から絵を取り出してシャピロに見せたところ、美術史家は絶賛し、デ・クーニングがこの絵の力に気づくよう、あの手この手を尽くしてそれについて論じた。するとデ・クーニングは、絵がすでに完成していることのみならず、傑作であることに気づいた（Solomon 1994）。彼をアメリカのもっとも偉大な画家として、そしてパブロ・ピカソとアンリ・マティスに次ぐ二〇世紀の偉大なアーティストとして見ていた、『ザ・ニューヨーカー』誌の美術評論家ピーター・シェルダールは、シャピロの訪問を「史上もっとも幸運なスタジオ訪問」と呼んだ（Zilczer 2014）。

デ・クーニングが『発掘』で新たな高みに到達したと考えていたグリーンバーグら何人かの美術評論家は、『女性Ｉ』で具象的フォルムに立ち戻ることで彼が抽象芸術を裏切ったと見なした。事実デ・クーニングは、具象芸術から還元主義的な抽象芸術に転向し、再び具象芸術に戻ったという点で、また、それら両方のテクニックを用いて一つの作品を制作することも多かったという点で、ニューヨーク派の画家のなかでもユニークな存在であった。とはいえ一九七〇年代に入る頃には、彼の作品は、完全に抽象的なものになっていた。

『女性I』には女性憎悪の視点が含まれると考える美術評論家がいる一方で、『女性I』や、一九五〇年代に制作されたデ・クーニングの女性を描いた他の作品を、原始的、異国的、多産的、攻撃的な女性の元型を描いたものとしてとらえる、スパイズらの美術評論家もいる。これらの理由により、『女性I』は、古い世界の混沌と破壊のなかから新しい世界を生み出すという、抽象表現主義の目標の視覚的なメタファーとしてもとらえられるだろう。

デ・クーニングの作品は、アクションのための闘技場としてカンバスをとらえていたローゼンバーグによって熱狂的に支持された。ローゼンバーグの観点からすれば、ニューヨーク派の抽象表現主義は、現代アートにおける断裂を示していた。その一方、グリーンバーグは、『女性I』を当時のもっとも前衛的な作品の一つと見なしていた。そう見なした理由の一つは、デ・クーニングが、人間のフォルムに由来する彫塑的な輪郭が呈する力をこの作品に付与していたからだ。それゆえグリーンバーグは、この作品をダ・ヴィンチ、ミケランジェロ、ラファエロ、アングル、ピカソらの画家が連なる偉大な職人芸（クラフツマンシップ）の伝統の一部として見ていた（Zilczer 2014）。

ロシアで生まれパリで活動したユダヤ人の表現主義画家シャイム・スーティン（一八九三〜一九四三）の影響を受けて、デ・クーニングは抽象画にテクスチャーを加えて絵の表面により豊かな物質的外観を与え、鑑賞者に触覚的な質感を喚起する彫塑的な性質を付与するようになった。『女性I』、あるいは『メアリー通りの二本の木…アーメン！（*Two Trees on Mary Street…Amen!*）』（図7・10）や『無題X（*untitled X*）』（図7・11）などの後期の作品に、より顕著に見られる触覚的な性質は、別

図7・10　ウィレム・デ・クーニング『メアリー通りの二本の木…アーメン！』（1975）
©2016 The Willem de Kooning Foundation / Artists Rights Society (ARS), New York

図7・11　ウィレム・デ・クーニング『無題X』（1976）
©2016 The Willem de Kooning Foundation / Artists Rights Society (ARS), New York

の光源、すなわち絵の内部から発する輝きを生み出している。またそれらの作品は、抽象芸術が色彩のみならず、テクスチャーにも焦点を置いていたことを明らかにする。美術史家のアーサー・ダントーは、ティツィアーノに従ってデ・クーニングが述べた「肉体は油彩画が考案された理由である」という言葉を引用している（Danto 2001）。

　これらの作品が持つ抽象性にもかかわらず、デ・クーニングはのちに、「抽象化」、つまり絵から物体を取り除いてフォルム、線、色に還元することには関心がないと主張している。むしろ彼が他者には抽象的なフォルムであるように見える様式で描くことが多かった理由は、具象的要素の還元によって、怒り、痛み、愛情などの情動的な要素や、空間に関する観念などの概念的な要素を絵に組み込むことができたからである。

　またデ・クーニングは、最初にポロックによって考案されたアクション・ペインティングのバリエーションである、新たな画面構成（コンポジション）技法を生み出した。『無題X』（図7・11）の白い筋に明らかに見て取れるように、デ・クーニングは筆致の「視覚的な」速度を変えることで、ある速度から別の速度へと変化する様を見るよう鑑賞者を巧妙に誘導している。このような技法は、具象的要素を欠くにもかかわらず、感情を強く喚起し、さらにはカンバスの表面を探索して、テクスチャーを感じ、前景と背景が変化する挑発的な遊びに身を委ねるよう鑑賞者の視線と心を導く。

　テクスチャーに対する鑑賞者の反応を評価するにあたって、美術史家はたいてい、さまざまな感覚器官から入って来る情報を調整する脳の能力を過小評価してきた。前述のとおり、視覚と触覚はとりわけ密接に関連し合っている。ちなみに、「絵画の本質は、（…）触覚的な価値に対する意識を刺激し、テクスチャーやエッジの処理を通して、描写の対象たる現実世界の三次元の物体と同程度に強く触覚的な想像力に訴えかけることにある」と論じた最初の美術史家は、おそらくバーナード・ベレンソンであろう（Berenson 1909）。彼はさらに、「アートに対する私たちの審美的な悦びのもっとも重要な要素は、量、大きさ、テクスチャーなどの還元されたフォルムの要素から成る」と主張し、陰影や遠近感などの錯覚によって生じる触覚的な感触の形成に言及している。デ・クーニングやスーティンの絵を見ているときには、絵画それ自体の立体的な表面によって、視覚的な刺激が手触り（タッチ）、圧力、把握などの刺激へと変換される（Hinojosa 2009）。このようにして視覚的な要素の抽象は、触覚的な訴えに結びつけられ、私たちの審美的な反応をさらに強化する。

デ・クーニングは、二〇世紀アメリカにおける他のどのアーティストにも増して絵画の語彙、さらには絵画の基本概念をも変えた（Spies 2010）。しかし、彼が具象的要素を完全に捨て去ることはなかった点に鑑みれば、「真の一撃」を加えたのはポロックであったと見ることができる。そのことは、デ・クーニングその人でさえ述べている。ポロックは、同世代のアーティストのなかでももっとも強烈な個性を持った画家であることがやがて明らかになる。デ・クーニングは、ポロックについて次のように述べている。「画家たちは、折に触れて絵画を破壊してきた。セザンヌが破壊し、ピカソがキュビズムによって破壊し、そしてポロックが破壊した。ポロックは、私たちが持つ絵画の概念をまるごと地獄に落としたのだ。そしてそこから、新たな絵画が出現することができた」（Galenson 2009）。

ジャクソン・ポロック（図7・12）は、一九一二年にワイオミング州のコーディに生まれている。一九三〇年にニューヨークに移り、アーティストの兄チャールズと暮らし始める。それからポロックは、アメリカンリージョナリズム〔一九三〇年代のアメリカで隆盛を見た写実主義的な絵画流派〕を代表する画家の一人で、兄の美術の教師でもあったトーマス・ハート・ベントンの教えを受けるようになる。

ポロックは若い頃、ロスコやデ・クーニングと同様、表現主義的な絵を描いていた。ポロックの初期のスタイルは、ベントンの影響を受けてターナーの絵にもいくぶん似た、渦巻くようなパターンを呈していた（図7・13、図5・3）。しかし一九三九年、ニューヨーク近代美術館で催された展覧会でピカソの作品に出会ったポロックは、ピカソの行なった、キュビズムを適用する実験に刺激されて独自の実験に手を染めた。またその過程で、スペインのシュルレアリスムの画家で彫刻家のホアン・ミロや、メキシコの画家ディエゴ・リベラに影響を受けている。

一九四〇年にポロックは抽象絵画に転じ、具象的要素はわずかしか見られなくなった。そのことは、遠近法を放棄し具象と抽象のバランスをとった作品『ティーカップ（*The Tea Cup*）』（図7・14）に明白に見て取ることができる。『ティーカップ』の美と巧妙さは、この絵が、トップダウンの視覚処理を要する意味あるシンボルで満たされ、シンボル同士が同様に意味あるあり方で関連しているという事実に由来すると考えられる。この絵は質感をともなっているとはいえ、画面には色彩で満たされた平坦な領域や、ループする黒い線も含まれる。

図7・12　ジャクソン・ポロック（1912-1967）。1953年8月23日、ニューヨーク州イーストハンプトンのスプリングススタジオにて。
©Tony Vaccaro / Archive Photos / Getty Images

ポロックは、これらの抽象画によって広く認められるようになったあと、一九四七年から一九五〇年にかけて抽象芸術を革新する技法を考案する。壁からカンバスを下して、床に置いたのだ。ワイオミング州で暮らしていた子どもの頃、米南西部に住むアメリカ原住民の伝統芸に親しんでいた彼は、そうすることで原住民の砂絵師の導きに従っていたのである（Shlain 1993）。具象的要素と慣習的な技法を放棄することで、

図7・13　ジャクソン・ポロック『西へ』(1934-1935) ©2016 The Pollock-Krasner Foundation / Artists Rights Society (ARS), New York

図7・14　ジャクソン・ポロック『ティーカップ』(1946) ©2016 The Pollock-Krasner Foundation / Artists Rights Society (ARS), New York

彼は新たな還元主義的アプローチを考案した。ブラシのみならずスティックを使って、空間に絵を描くかのようにカンバス上に絵具を注いだり垂らしたりしたのだ。さらには、絵の隅々までその作業を行なえるようカンバスの周囲を動き回った。そしてとどめとして、鑑賞者がタイトルに惑わされずに自分の見解を自由に形成できるよう、絵にタイトルをつけることをやめ、番号を振るだけにした。絵を描く行為（アクト）に焦点を絞ったこの革新的なアプローチは、ふさわしくも「アクション・ペインティング」と呼ばれるようになる（図7・15、図7・16）。

ローゼンバーグによって導入された「アクション・ペインティング」という用語は、創造のプロセスに言及している（Rosenberg 1952）。ポロックの主張によれば、絵を描くという行為はそれ自身の生命を持つ。彼はそれを顕現させようとしたのである。ポロックは次のように述べる。「床の上では、気楽にしていられる。絵に近づき、その一部になったように感じられる。というのも、そうすることで、絵の回りを歩いて上下左右から作業を行なうことができ、文字どおり絵の〈内部〉にいられるからだ」（Karmel 2002）。ポロックのアクション・ペインティングはダイナミックかつ視覚的に複雑で、その実践には莫大なエネルギーを費やさねばならない。

一見しただけでは、極度に複雑なポロックのアクション・ペインティングに還元的な要素を見出すことは困難かもしれないが、実のところ彼は、二つの重要な側面で還元主義的アプローチを進展させた。一つは、慣例的なコンポジションを放棄したことで、彼の作品には強調点や識別可能な部

図7・15　ジャクソン・ポロック『コンポジション　#16（*Composition #16*）』（1948）
©2016 The Pollock Krasner Foundation / Artists Rights Society (ARS), New York

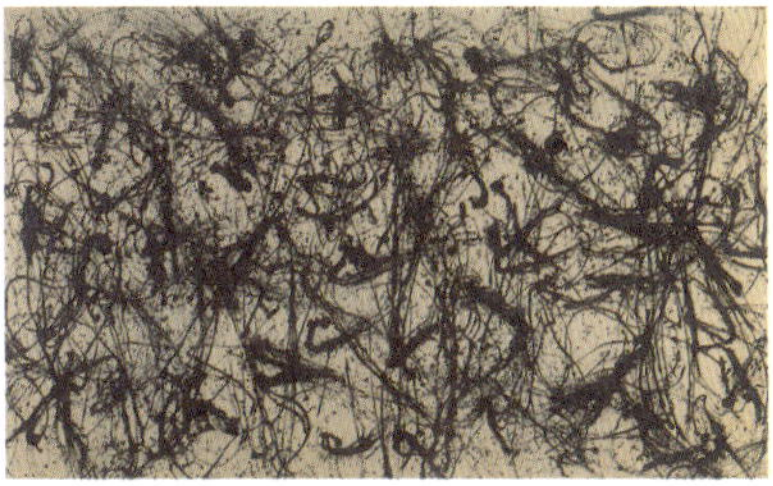

図7・16　ジャクソン・ポロック『ナンバー32』（1950）©2016 The Pollock-Krasner Foundation / Artists Rights Society (ARS), New York

位が存在しない。また中心的なモチーフがなく、鑑賞者の周辺視野を刺激する。そのため鑑賞者の目は常時動き回り、視線を安定させることもできなければ、カンバスに焦点を絞ることもできない。アクション・ペインティングが、活力がありダイナミックに感じられるのは、まさにそれゆえである。二点目は、アクション・ペインティングによって、グリーンバーグの言う「イーゼル画の危機」が到来したことだ。「壁にかけられた移動可能な絵は、西洋独自の産物である。他の世界には、それに対応するものはない。（…）イーゼル画は、装飾を劇的効果の下位に置く。背後の壁に箱のような空洞が存在するという錯覚をもたらし、その内部に、統一されたものとして三次元の見せかけを生み出すのである」（Greenberg 1948）

グリーンバーグはさらに、ピカソとアルフレッド・シスレーによってイーゼル画の解体に手がつけられ、ポロックらのアーティストがそれを破壊する道を歩み続けたと論じる。グリーンバーグは次のように書く。「モンドリアン以来、イーゼル画を元来の姿からかくも遠くへ追いやった者は他に誰もいなかった」。グリーンバーグには、繰り返しに由来する蓄積を通しての、絵画的なイメージの純然たるテクスチャー（純粋な感覚）への溶解は、同時代人の感性の深くに存在する何かに訴えかけるものであると思われたのだ。

ポロック自身も、アートに対する還元主義的アプローチとしてドリップ・ペインティングをとらえていた。具象的要素を放棄することで、無意識や創造的プロセスに対する抑制を取り除くことができると感じていたのである。それより何年も前にフロイトが指摘していたように、無意識の言語は、時間や空間の感覚と無縁である点、また矛盾や非合理性をいとも簡単に許容する点で、意識ある心の「二次プロセス」思考とは異なる「一次プロセス」思考に支配されている。かくして意識的形態を無意識に動機づけられたドリップ・ペインティング技法に還元することで、ポロックは並外れた発明の才と独自性を発揮したのだ。一九九八年に近代美術館で催されたポロック回顧展で、主催者のカーク・バーネッドーは「ポロックは偉大なエリミネーター〔慣例的なやり方を除去した人の意であろう〕として賞賛されてきた。（…）しかし最高の現代美術につねに言えることだが、彼の作品は途轍もなく大きな創造的、再生的な力を持っている」（Varnedoe 1999, 245）

ポロックは、脳の視覚領域がパターン認識装置であることを直感的に理解していたのだろう。この装置は、ノイズの多寡にかかわらず、受け取った入力情報から意味あるパターンを抽出することに特化している。この心理現象はパレイドリアと呼ばれており、それによってあいまいでランダムな刺激が、意味あるものとして認知される。ダ・ヴィンチはこの能力について次のように記している。

> さまざまなしみがついた壁や、種類の異なる石を積み上げてできた壁を眺めて、想像力をはばたかせれば、そこに山、川、岩、木、平地、広大な谷、一群の丘が点在する、変化に富んだ多様な風景が広がる様子を見て取ることができるだろう。また、さまざまな戦闘シーン、すばやく動く人の姿、奇妙な表情、風変わりな衣装など無数の事象をそこに見出すことができる。そしてあなたはそれらを、よく練られた個別の形態に還元することができるだろう。（Da Vinci 923）

かくしてポロックの作品は、「いかにして偶然に秩序を与えられるのか？」という深遠な問いを提起する。この問いは、カーネマンとトヴェルスキーが共同研究の対象にし、徹底的に追求したテーマでもある（Kahneman and Tversky 1979; Tversky and Kahneman 1992）。ちなみにこの業績によって、カーネマンは二〇〇二年度ノーベル経済学賞を受賞している（トヴェルスキーは一九九六年に他界した）。二人の主張によれば、ランダムに近似するほど起こる確率が低い選択に直面すると、トップダウンの認知プロセスは、不確実性を低減するためにその選択に秩序を課そうとする。これは、たとえば絵具のランダムな飛び散りにパターンを見出そうとするなど、アクション・ペインティングの鑑賞者がよく行なうことである。

ポロックの知性は、身体の知性だと言われることがある。彼の最初のディーラーであったベティ・パーソンズはそれについて次のように述べている。

> ジャクソンは、なんと懸命に、そして優雅に動けるのか。私は彼を見る。彼はダンサーのようだ。床にはカンバスが置かれ、その周りをスティックの突き出た絵具の缶が取り巻いている。彼はスティックを取り上げて、一振り二振りする。彼の動きにはみごとなリズムがある。（彼のコンポジションは）非常に複雑だが、決して過剰にならずつねにバランスが保たれている。（…）偉大な画家の最善の側面は、自己を失ったときに、（…）つまり別の何ものかに乗っ取られたときに現われる。ジャクソンが自己を失うと、思うに無意識が彼を乗っ取るのだろう。これは驚嘆すべきことだ。（Potter 1985）

チューブから絞り出した絵具をカンバスに厚塗りし、絵具の上に絵具を重ねていくことで、ポロックは触覚的な質感を生み出すことに成功した（図7・16）。このテクスチャーの感覚は、重なり合いながら織り交ざるカラーの線によって強調されている。後期の作品では、絵具をブラシやペインティングナイフを使って厚塗りする、インパストと呼ばれる技法を用いることで触覚的な質感を生み出している。ポロックの筆致は激しく動いているため、インパストを用いてカンバスに厚塗りする彼の方法は、ほとんど三次元的で彫塑的な特質を生んでいる。ちなみにこの方法は、フィンセント・ファン・ゴッホによって最初に取り入れられた。ローゼンバーグは論文「アメリカのアクションン画家」で、「ポロックは絵の制作を一連のアクションに変えることで、芸術と生命のあいだを分かつ境界を取り除いたのだ」と論じている。

第8章　脳はいかにして抽象イメージを処理し知覚するのか

肖像画などの具象芸術が私たちに非常に大きな影響を及ぼしうる理由は、脳の視覚システムが、場面、物体、そしてとりわけ顔や表情を処理するための強力なボトムアップ装置を備えているからだ。また、オスカー・ココシュカやエゴン・シーレら表現主義画家によって描かれた誇張された顔に私たちが強く反応する理由は、脳の顔細胞がリアルな顔の特徴より、誇張された特徴に強く反応するよう調整されているからである。

ならば、私たちはいかに抽象芸術に反応するのだろうか？　脳のいかなる装置が、除去されたとは言わないまでも大幅にイメージが還元された絵を処理し知覚することを可能にしているのか？一つはっきりと言えるのは、多くの抽象芸術では、色、線、フォルム、光が分離されていることだ。そのため私たちは、視覚経路の個々の構成要素の機能に暗黙のうちに気づくことができるのである。

現在行なわれている芸術の知覚に関する多くの研究を駆り立てている考えは、同じ芸術作品でも各人がいくぶん異なったあり方で知覚しており、それゆえ芸術鑑賞には鑑賞者の側の創造的なプロセスが関与しているとするエルンスト・クリスの洞察に基づく。第3章で見たように、エルンスト・ゴンブリッチは、アートにおけるあいまいさに関するクリスの考えを、逆光学問題に着目することで視覚世界全体に適用した。

私たちは皆、外界から不完全な情報を受け取って、独自の方法で完全なものに仕立て上げる。反射光から三次元のイメージを再構築できる理由は（しかもたいていのケースでは正確に）、視覚情報に対して脳がボトムアップ処理だけでなくトップダウン処理を動員して文脈を提供しているからだ。ここまで見てきたように、ボトムアップ情報は、視覚システムの神経回路に組み込まれた、たとえば顔認識能力などの計算ロジックによって提供されるが、トップダウン情報は、期待、注意、学習された関連づけなどの認知プロセスによって提供される。

トーマス・オルブライトとチャールズ・ギルバートは最近、トップダウン処理、とりわけその基盤をなす学習メカニズムに関する理解を大きく前進させた。このプロセスを論じるにあたり、ボトムアップ処理に密接に関連する感覚刺激〔[sensation]の訳。意識によって気づかれる前の、感覚のもとになる入力刺激を指す。哲学などでは「感覚与件」とも呼ばれる〕と、トップダウン処理に密接に関連する知覚をまず区別しておく必要がある。

感覚刺激と知覚

感覚刺激は、目の光受容体などの感覚器官が刺激されるとただちに生じる生物学的現象である。

感覚的な事象は行動に直接的な影響を及ぼしうるが文脈を欠く。すでに述べたように、知覚は脳が外界から受け取った情報を、過去の経験や仮説の検証による学習に基づいて得られた知識と統合する。このように、視覚という知覚は反射光が外界のイメージに結びつけられ、脳によって保たれ、脳がそれに意味、有用性、価値を割り当てることで一貫性が担保されるプロセスをいう。

知覚の必須構成要素の一つは、特定の感覚事象と他のイメージや情報源の関連を抽出するプロセスである。この関連づけによって、いかなる感覚刺激にも、そしてクリスが述べるように芸術作品にも本質的にともなうあいまいさを解決するのに必要な文脈が与えられる（Albright 2015）。アメリカの哲学者ウィリアム・ジェイムズは、感覚刺激と知覚の区別に関して次のように述べている。「知覚は、感覚刺激を惹起する対象に結びつくさらなる事実に関する意識を動員することにおいて、感覚刺激と異なる」（James 1890）

感覚刺激と知覚の区別は、視覚の中心問題をなす（Albright 2015）。感覚刺激は光学的なものであり、目が関与する。それに対し、知覚は統合的なものであり、脳全体が関与する（図8・1）。すでに見たように、学習と記憶は、脳内の特定のシナプス結合を強化する。オルブライトとギルバートの発見によれば、トップダウン処理は、脳細胞が文脈に関する情報を用いて、入って来る（芸術作品に由来するものを含む）感覚情報を内的表象、すなわち知覚表象に変換する不可欠の計算処理の結果実行される（Albright 2015; Gilbert 2013b）。

では、このトップダウン処理に寄与するシナプスの強化は脳のどこで生じるのか？　関連づけに関する長期記憶が蓄積される主たる領域の一つは、下側頭皮質であることを示す証拠があまたある。

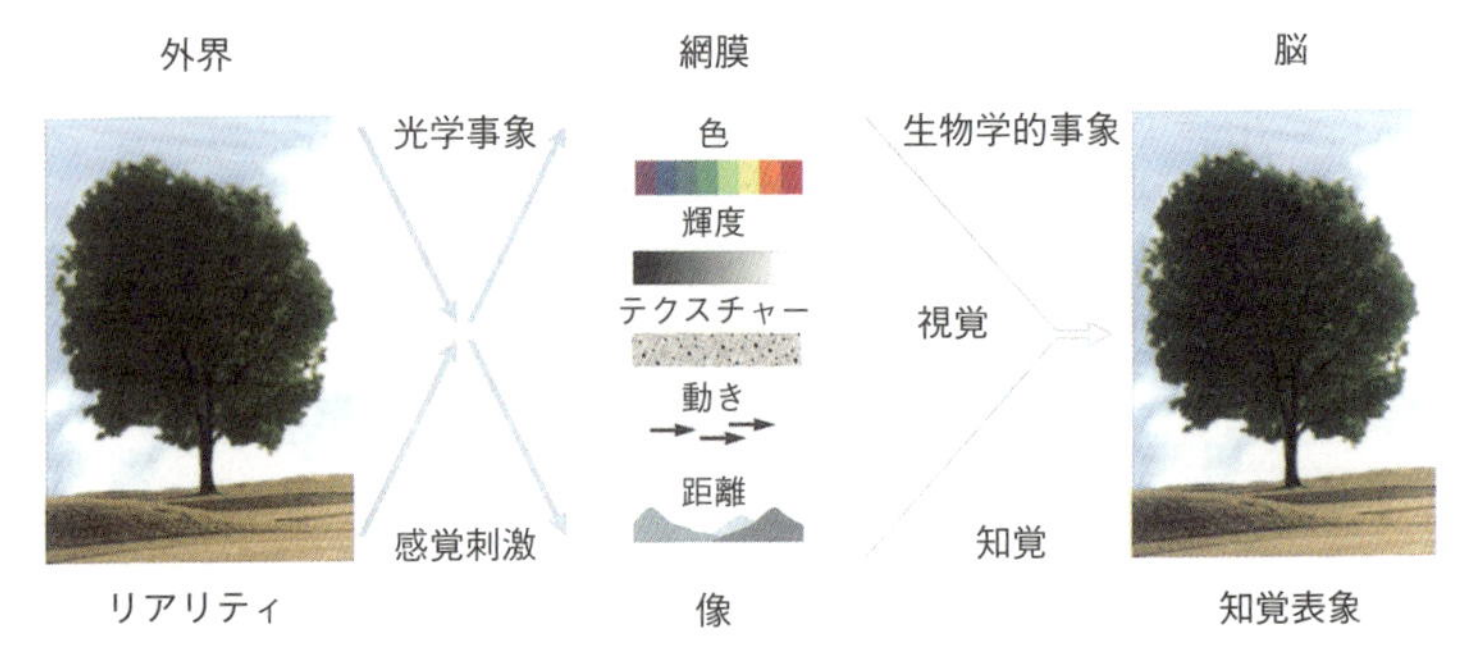

図８・１　視覚の中心問題は、光学的な構成要素と知覚的な構成要素という二つの構成要素から成る。光学的な問題（感覚刺激の問題）は、光が視野内を占める物体の表面を反射し、網膜に像を結ぶことに関係する。知覚的な問題は、網膜に像を結んだ視覚場面の構成要素の同定に関係する。これは、「網膜に結ばれたある一つの像は、無限の視覚場面から引き起こされうる」という古典的な逆光学問題であり、その答えを一つに決めることはできない。

なお下側頭皮質は、人々、場所、物体に関する明示的な記憶がコード化される脳領域、海馬に直接結合している（図８・２）。

下側頭皮質は、脳の視覚情報処理の階層において頂点をなし、以前になされた関連づけの記憶に依拠する物体認識にとって重要な領域であることが知られている。感覚ニューロンが視野内の物体に反応して送ったボトムアップのシグナルは、（たとえばフェイスパッチが存在する）下側頭皮質で、その物体の表象へと変換される。ある物体を別の物体と関連づける学習は、それぞれの物体を表象するニューロン間の結合を強化することで達成される。なおこれは、間接的な経路を通じてなされる（図８・２）。その結果形成された関連づけは、下側頭皮質で統合され、内側側頭葉の記憶構造に蓄積される。

オルブライトらは、特に関連性のない二つの視覚刺激を関連づけるようサルを訓練することでこの見方を検証している。サルが二つの視覚刺激の関連を

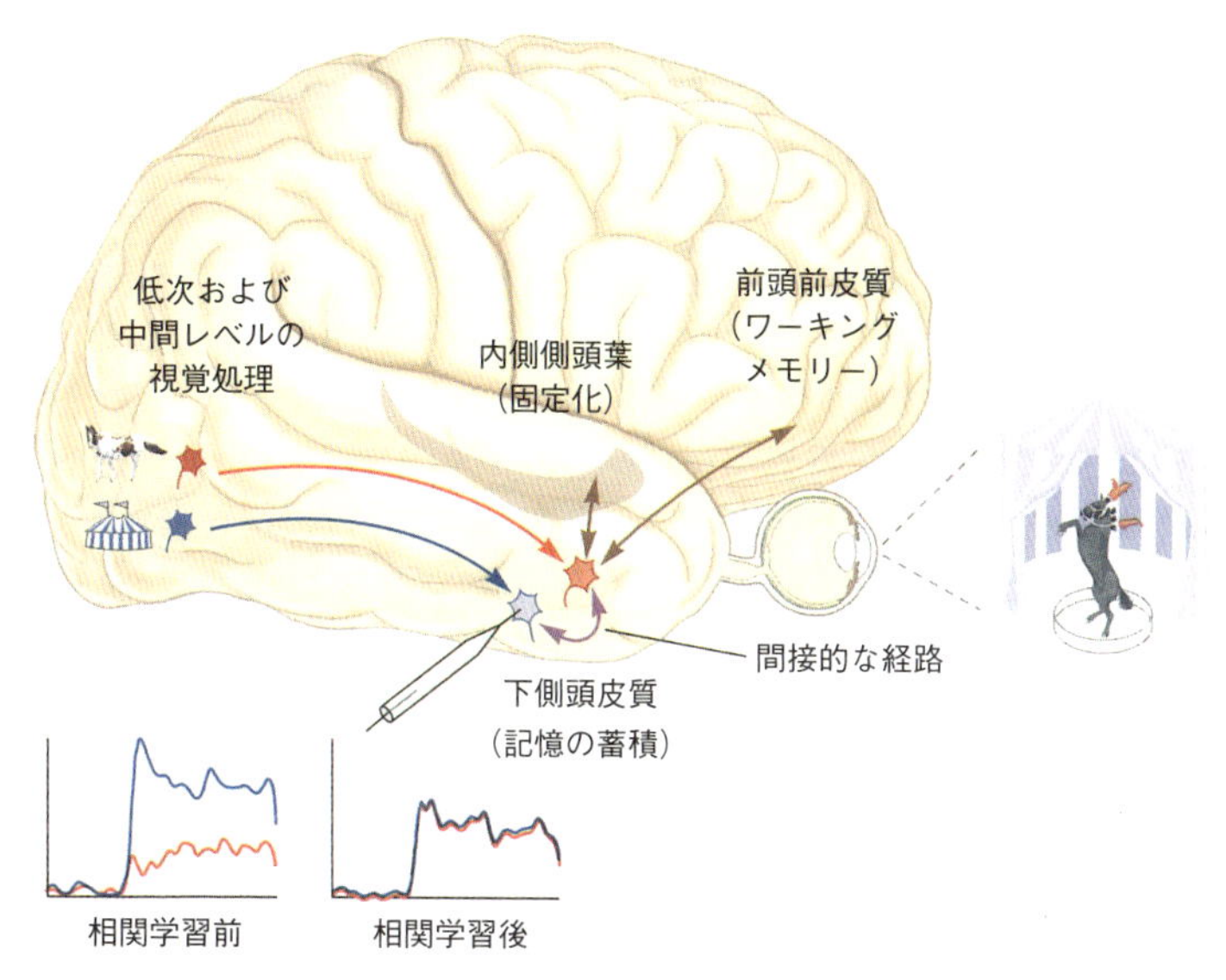

図8・2　視覚的関連づけと想起を司る神経回路。感覚細胞から送られてきたボトムアップシグナルは、下側頭皮質でサーカステントとウマの表象へと変換される。相関学習が生じる前は、(明るい青の) ニューロンはサーカステントには十分に反応するが、ウマにはしない。サーカステントとウマを関連づける学習は、それらのおのおのを表象するニューロン間の、間接的な経路を介した結合を強化することで下側頭皮質内に固定化される。以後この間接的な経路を活性化すると、ウマの提示に続きサーカステントの想起が引き起こされる。

学習するあいだ、オルブライトらはサルの下側頭皮質のニューロンの活動を測定した。その結果次のようなことがわかった。ニューロンは最初、それぞれの物体、それぞれの視覚パターンに選択的に反応した。しかしサルが二つの刺激の関連を学習するにつれ、最初はどちらか一方の視覚パターンに反応していたニューロン同士の結合が強化されるようになった。このようなニューロンの変化は、古典的条件づけの、すなわち新たに学習した関連づけの生物学的な現われである。このようにして統合された記憶は、追加情報として生涯を通じて利用される。つまりこの追加情報は、新たに知覚された物体に間接的な経路を介して関連づけられるのである。

この間接的な経路は、作動記憶（ワーキングメモリー）のコンテンツによっても、つまりワーキングメモリーのさまざまな側面と実行機能に関与している前頭前皮質からのフィードバックを介しても活性化しうる。通常の状況下では、視覚経験は下側頭皮質への直接的な入力と間接的な入力の結合によって生じる。しかし学習された関連づけの基盤をなす神経結合の変化は、下側頭皮質への入力のみに依存しているわけではなく、視覚システム全体、それどころか感覚システム全体の一般的な能力を反映していると考えるべき理由がある。この考えの正しさを示す根拠の一部は学習中の脳の活動に関する研究に由来し、その研究ではごく初期の視覚処理が行なわれる領域にすら、神経活動の変化が見出されている。

この発見に啓発されたオルブライトは、視覚処理の中間過程を構成する内側側頭皮質に位置するニューロンの反応特性を調査することで相関学習を研究するようになり、実際に、下側頭皮質のニューロンに観察された変化に類似する結合性の変化を見出した。

アルミット・イシャイらは、この点をさらに明確化している（Mechelli et al. 2004; Fairhall and Ishai 2007）。被験者に顔や家の画像を見せたところ、初期の視覚処理が実行される視覚皮質の領域が活性化した。それに対し、被験者に顔や家のイメージを思い出すよう求めたところ、トップダウン処理に関与する二つの脳領域、すなわち前頭前皮質と上頭頂皮質が活性化した。前頭前皮質は、顔や家やネコなどといった既知のカテゴリーにうまく当てはまる具象イメージ、すなわち内容を伝えるイメージに対してのみ反応した。ワーキングメモリーの情報を操作し再編成する上頭頂皮質は、いかなる視覚イメージに対しても活性化した。

この結果は、顔や物体に関する脳内の感覚表象が、おもに低次の視覚領域で生じるボトムアップ処理に媒介されるのに対し、記憶から取り出されたイメージの知覚はおもに前頭前皮質に由来するトップダウン処理に媒介されていることを示す（Mechelli et al. 2004）。

かくして、私たちが芸術作品を見るとき、いくつかの源泉から得られた情報が、入って来る光のパターンと相互作用して、その作品の知覚経験が得られるのである。情報の多くはボトムアップ処理によって脳に伝達されるが、過去に見た視覚世界の記憶から得られた重要な情報が、つけ加えられる。このような、過去に他の芸術作品を鑑賞したときの記憶は、網膜に映ったイメージの源泉、カテゴリー、意味、効用、価値を推定することを可能にする。

要するに、網膜に映ったイメージのあいまいさを解決できる理由は、脳が文脈を提供してくれるからだ。大雑把に言えば、この文脈は網膜に映った情報、顔処理などの脳に備わる計算装置によって得られた情報、そしてアートの世界を含めた他の世界との過去の経験によって学習された情報など、さまざまな情報の断片から構成される。

早くも一六四四年には、ルネ・デカルトが、目から入ってくる視覚シグナルも記憶から派生するシグナルも、共通の脳構造上への情報の変換を通じて経験されると論じた。この考えは最近になって、機能的脳画像法を用いた研究によって裏づけられている。この研究では、被験者は特定の視覚刺激を想像するよう求められたり、別のイメージとの関連づけに基づいて特定のイメージを想起するよう訓練されたりした。実験の結果、低次、もしくは中間レベルの視覚処理に関与しているさまざまな脳領域が活性化した。

同様に、下側頭皮質の電気生理学的な活動を記録した研究では、被験者の脳は絵に強く反応した。抽象芸術は、それ以前の印象派の絵と同様、「単純でときに乱雑に描かれた特徴でも、鑑賞者自身が内容を豊かに補完する知覚経験を引き起こすに十分である」という前提に依拠している。脳研究によって得られた証拠は、高度に特異的なトップダウンシグナルが視覚皮質に送られることでこの知覚的な補完が生じることを示している。

かくして抽象画家が主張し、抽象芸術それ自体によって示されていることとは、網膜への感覚刺激の刻印が、それに結びついた記憶の想起を引き起こすスパークにすぎないという点だ。抽象画家は微に入り細を穿った絵画的光景を提示するのではなく、むしろ鑑賞者が独自の経験に基づいて絵を補完できるような状況を生み出そうとする。伝説によれば、ターナーの描いた日没の絵を見たある女性が「ターナーさん。こんな日没は見たことがありません」とコメントしたところ、ターナーは「奥様、見ることができればどんなにすばらしいだろうとは思いませんか?」と答えたのだそうだ。

多くの鑑賞者にとって抽象芸術を見ることとの喜びは、ジェイムズが「馴染みのものごととの関連づけによる、新しきものの輝かしき同化(かつて見たことのない何ものかの首尾一貫した知覚経験)」と呼ぶものの一例である(James 1890)。私は、さらに次のようにつけ加えたい。新しきものの同化、すなわちイメージの創造的な再構築の一環としてのトップダウン処理の動員が、本質的に鑑賞者に快をもたらす理由は、一般にそれによって創造的な自己が刺激され、ある種の抽象芸術作品を前にしてポジティブな経験がもたらされるからだ。

デ・クーニングとポロックの抽象画を再考する

図8・3　初めてこのイメージを見た人には、たいていいかなる形象も見えてこず、ランダムなパターンしか目につかないはずだ。しかしそれによって引き起こされる知覚経験は、図8・4に示されているパターンを見たあとでは、劇的に、もしかすると永久に変わるだろう。(Albright 2012 より抜粋)

鑑賞者としての私たちが抽象芸術に適用する関連づけの単純な例として、図8・3と図8・4をあげておく。図8・4を見るまでは、〔図8・3の〕ランダムに見える、明るい領域と暗い領域のパターンが何を示しているのかを把握することは至って困難である。しかし、図8・3のあいまいさを解決するための十分な情報を提供してくれる図8・4を目にすると、私たちの知覚経験は劇的に変化する。さらに言えば、図8・4をひとたび目にしたあとでは、記憶から呼び起こされる追加情報によって、図8・3は図8・4を見る前とは著しく異なって見える。実のところ、もとのイメージに対する知覚は永久に変わってしまったとも言えるだろう。

ラマチャンドランらは、この現象の基盤をなす細胞メカニズムを探究している（Tovee et al. 1996）。彼らの発見によれば、下側ならびに内側側頭皮質の個々のニューロンの反応が急速に変化し、わずか五秒から一〇秒間あいまいなイメージを見ただけで学習効果が現われた。この短期間の露出のあと、脳はそれによる学習をあいまいなイメージに適用したのである。

サルを用いたその種の実験や、それと並行して行なわれている人間を対象にした心理物理的研究では、人間や他の高等霊長類は、視覚世界の刺激に対して迅速な学習を行なう能力を備えているこ

図8・4　このイメージは、網膜刺激の解釈（ボトムアップシグナル）に対する、関連する絵画的場面の想起（トップダウンシグナル）による影響を例証する。たいていの人は、このパターンを見ることで、はっきりとした意味のある知覚表象を経験するはずだ。このイメージを見たあとでは、前図8・3に描かれているパターンは、まったく違ったものとして解釈され知覚されるだろう。つまり、ひとたび図8・4を見ると、おもに記憶から呼び起こされるイメージによって駆り立てられた、形象の解釈が生じるのである。

とが示されている。わずか数秒間で、見たことのある顔や物体を私たちが認識できる理由は、そこにあるのかもしれない。この発見はまた、下側ならびに内側側頭皮質のニューロンが、前頭前皮質と上頭頂皮質を含むトップダウン処理システムの一部を構成するという、オルブライトとイシャイの発見とも符合する。

この関連づけの例を念頭に置いて、デ・クーニングとポロックの作品における具象から抽象への移行についてもう一度考えてみよう。

デ・クーニングの一九四〇年の作品『すわる女』（図7・2）は、それから三年後に結婚することになるエレイン・フリードを描いたものである。この作品は、彼が最初に女性を描いた絵のうちの一つであり、そこにはすでに興味深い抽象的なタッチが認められる。たとえば彼女の右目、顔の右半分、右腕は、左側に比べて明確に描き込まれていない。そのため、鑑賞者に何らかのトップダウン処理を強いる。なぜデ・クーニングは、彼女の身体を分解しようとしているのだろうか？　胸のみが欠けたところがなく左右の釣り合いが保たれているように見えるこの絵は、デ・クーニングが女性のフォルムを再定義しようとした初期の試みの一つである。

それから一〇年後に制作された『発掘』（図7・4）は、『すわる女』とは大きく異なり、かなり抽象的に見える。基本的に平坦で遠近感がほとんどない。しかしデ・クーニングその人と女性のフォルムに対する彼の関心について知っていれば、この絵を長く眺めていなくても、鑑賞者の気分や性格によって、一人もしくは何人かの女性が単独でいるか、他の誰かと相対（あいたい）しているところを容易に想起させる丸みを帯びた形状を見つけることができるだろう。この絵には、ボトムアップ処理によるあいまいさの解消と、トップダウン処理による想像力の喚起の両方に関して、ほとんど無限の可能性が存在する。そのことは、さまざまな関連を次々と想起するにつれ明らかになるはずだ。『すわる女』と『発掘』の対比は、前者がすでにかなりあいまいであるがゆえに、なおさら特筆に値する。

次に、ポロックの初期の具象作品『西へ（*Going West*）』（図7・13）を見てみよう。鑑賞者は、ラバと御者から始まり雲と空にかかる月を経て再びラバに戻ってくる時計回りの動きに強い印象を受けるはずである。

一五年後の作品『ナンバー32（*Number 32*）』（図7・16）で、ポロックは再び強力な動きの感覚を創造している。しかし今回は、たった一つの強制的な時計回りの動きを提示するのではなく、目が秩序を模索してカンバスを眺める際、鑑賞者は自由にどの方角からも、さらには複数の方角から動きを追えるよう描かれている。ここには何らかのイメージが存在するのか？ 格別優勢な動きの方向があるのか？ この絵は私の心に、決して終わることのない、イメージ同士の戦いを呼び覚ます。それに匹敵する戦いのシーンを想像してみると、息を呑む思いがする。

デ・クーニングとポロックの作品の比較によって明らかになることは、抽象芸術が明らかに還元主義的でありながら、多くの具象芸術よりはるかに強く鑑賞者の想像力に訴えかけるという点である。また、これら二つの完全に抽象的な作品は、キュビストの作品に比べ、脳の視覚装置によるボトムアップ処理にそれほど負担をかけない。キュビストの作品は、具象的な構成要素を維持しているケースが多いが、いくつかの互いに無関係の異なる視点を適用して見るよう鑑賞者に求める。だが私たちの脳は、そのような見方を意味あるあり方で処理できるよう進化してきたわけではない。それに対し抽象画は、あいまいさを解消することが第一の仕事であるボトムアップ処理にはそれほど依存しておらず、私たちの想像力、つまり過去における個人的経験や、他の芸術作品との出会いをもとにしたトップダウンの関連づけに強く依拠しているように思われる。

第9章　具象から色の抽象へ

本章で取り上げるマーク・ロスコとモーリス・ルイスは、抽象に対し異なるアプローチをとっている。ピエト・モンドリアンが絵を線と色に還元し、また、ウィレム・デ・クーニングが動きと触感を、ジャクソン・ポロックが自然な創造的プロセスを導入したのに対し、ロスコとルイスは絵をもっぱら色に還元した。そうすることで彼らは、モンドリアン同様、鑑賞者にスピリチュアルな感覚を与え、自然な情動反応を引き起こすことに成功した。

ロスコは、一九五〇年代から六〇年代にかけてカラーフィールド・ペインティングを開拓していた。彼はカンバス全体にわたって、おおよそ平坦で単一色の大きな領域をいくつか描き、見た目に豪華で、空気より希薄な切れ目のない色彩の平面を作り出した。彼の絵に関しては、「これ以上強い幸福感を表現できたニューヨーク派の画家は他にいない。その色彩は、（…）すばらしくも瞑想的な平穏さを宿している」とも評される（Spies 2011, 8:89）。

図9・1　マーク・ロスコ（1903-1970）©1998 Kate Rothko Prizel & Christopher Rothko / Artists Rights Society (ARS), New York

ロスコと色の抽象

マーク・ロスコ（図9・1）は、一九〇三年にロシア北西部の都市ドヴィンスクで、マーカス・ロスコヴィッチという名で生まれた。ドヴィンスクは、当時のロシア国内でユダヤ人が法的に居住を許可された唯一の領域であった、ユダヤ人定住地域と呼ばれる区域に位置していた。彼は一〇歳のときに家族に連れられてアメリカに渡り、オレゴン州のポートランドに移住した。その後イェール大学に入学するも、卒業する前に大学を去り一九二三年にニューヨークに移った。アート・スチューデンツ・リーグ・オブ・ニューヨークで学び、徐々にニューヨーク派の中心人物の一人になっていく。彼は、イメージを色に還元することによる、独自の幾何学的な抽象技法をあみ出した。一九三〇年代に彼が制作した具象画は凡庸と言わざるをえないが（図9・2）、かたまりのような人物の扱いや、それらのかたまりに驚くほどの明るさと軽さを付与しているレイヤリング技法は、その後の彼のより成熟したスタイルを予感させる。ところどころ、フォルムが内部から照らし出されているかのように見える箇所もある。

独自のスタイルを確立するにつれ、ロスコはより還元主義的になり、絵から遠近感や識別可能なイメージへの参照を取り除いていった。ますます、すぐにそれと分かる明確なモチーフを除去して、いくつかの絵画的パターンに焦点を絞るようになった。『カップルキッシング　一九三四年（*Couple*

Kissing 1934)』（図9・3）では、二人の人物をほのめかすカラー図形が宙に浮かび触れ合っている。その後一〇年以上の時を経て制作された『一九四八年のナンバーワン（*No.1 of 1948*)』（図9・4）では、人間ドラマに関する示唆は、人間のフォルムから除去されている。ロスコは識別可能なイメージの除去を、「高次の真理の開示」と呼んでいる。

ロスコの作品は、一見すると単純であるように見えるときほど、より複雑で難解になる。一九五八年までには、彼はさらにフォルムの使用を制限するようになり、人物と見なせるものはすべて取り除き、特定の色で塗りつぶされたいくつかの四角形を積み重ねて垂直のカラーフィールドを描く

図9・2　マーク・ロスコ『無題』（1938）

ようになっていた（図9・5）。この高度に単純化され、色彩と深さに焦点を置いた還元主義的な視覚言語と、ロスコがそれを用いて生み出した驚くべき多様さと美は、以後の生涯を通じて彼の作品を特徴づけることになる。

ロスコは、その種の還元主義的アプローチを不可欠と考えていた。彼は次のように言う。「ますます私たちの社会は、環境のあらゆる側面を限られた関連づけで包囲するようになってきたが、それを破壊するために、事物の馴染みの側面を粉砕しなければならない」（Ross 1991）。彼の主張によれば、アーティストは色、抽象、還元を極限にまで突き詰めることによってのみ、色やフォルムに対する慣例的な関連づけから鑑賞者を解放して、鑑賞者の脳に新たな思考、関連づけ、関係、そしてそれらに対する情動反応を生み出すイメージを創造することができるのである。

『#36　ブラックストライプ（*#36 Black Stripe*）』（図9・5）では、色調のわずかな変化によって

図9・3　マーク・ロスコ『カップルキッシング 1934』（1934-1935）
©1998 Kate Rothko Prizel & Christopher Rothko / Artists Rights Society (ARS), New York

図9・4　マーク・ロスコ『一九四八年のナンバーワン』（1948-1949）
©1998 Kate Rothko Prizel & Christopher Rothko / Artists Rights Society (ARS), New York

いくつかの光る面が描かれた画面をじっくりと眺めていると、最初は単色に見える四角形が、ゆっくりとフォルムを整えていくはずだ。この絵や、ロスコの他の色彩豊かな抽象画は、強い情動を喚起する。絵の劇的な単純さにもかかわらず、その効果によってつねに神秘的、精神的、宗教的な何かが喚起されるのだ。

ロスコは、はっとさせるような光と空間の感覚をカンバス上に生み出す。程度の異なる彩度や透明度で絵具の薄い層が塗り重ねられた彼の絵では、ところどころ背後が透けて見え、最上層が明るい半透明のベールをなしている。いかなる慣例的な意味でも遠近感は存在せず、色彩が前面に押し出された浅い空間がほのめかされているだけである。このように彼の作品には、動きのない四角形から光が放たれる様子を示すみごとな例を見出すことができる。

図9・5　マーク・ロスコ『#36 ブラックストライプ』（1958）©1998 Kate Rothko Prizel & Christopher Rothko / Artists Rights Society (ARS), New York

一九六〇年代後半、ロスコはこのミニマリストアプローチをさらに突き詰め、色の対比から色の欠如、すなわち黒いカンバスへと焦点を移した（Breslin 1993）。そしてこの傾向は、テキサス州ヒューストンのロスコ・チャペルの壁を飾る、銅褐色と黒の色調を持つ七点の大きなカンバスと、濃い紫の色調を持つ七点の絵で最高潮に達する（Barnes 989）。なお、当初彼は二〇点のパネルを制作したが、最終的にチャペルの壁にかけられたのはそのうちの一四点のみであった（Cohen-Solal 2015）。

ロスコ・チャペルは、一九六五年にジョン&ドミニク・デ・メニルの依頼によって、彼らが住んでいた都市のための超宗教的人権サンクチュアリーとして、二人が創設したメニル美術館［ザ・メニル・コレクション］に隣接して建てられた。ロスコ・チャペルという名は、ジョルジュ・ブラック、アンリ・マティス、フェルナン・レジェ、マルク・シャガールら多数の現代アーティストの作品を所蔵するフランスの「アッシー高原チャペル（Our Lady Full of Grace of the Plateau d'Assy Chapel）」と、マティスによって設計されたロザリオ礼拝堂（チャペル）にあやかってつけられた。

図9・6　マーク・ロスコ『No.7（*No.7*）』（1964）
©1998 Kate Rothko Prizel & Christopher Rothko / Artists Rights Society (ARS), New York

ロスコ・チャペルは、灰色の漆喰壁に囲まれた窓のない八角形の質素な空間から成る。建物は、初期キリスト教会を思わせる背景のもとでロスコの作品を展示する以外いかなる役割も持っていないように思われる。内部は、一四の大きなパネルで構成されている。絵の色調が非常に暗いために、チャペルに足を踏み入れた直後は、たいていまったく何も見えない。しかし中央のカンバスに注意を向けると、そこからわずかに光が発する様子が見え始める（図9・6）。それから動きが感じられるようになるが、その動きがカンバス上のものなのか、自分の身体のものなのかはよくわからないだろう。

建築家のハワード・バーンストンとユージン・オーブリーがロスコの求めに応じて加えた大きな天窓からは、一定の時間光が差してくる。夕方になると、絵の明るさが薄れていく様が強く感じられることだろう。このコントラストに感嘆したスパイズは次のように述べている。

> どうしても、この経験の対比に注目したくなる。日中に外部から入って来る光は、もともと暗い色調の絵をさらに暗く見せる。それに対し夕方の光は、絵の暗さを明るくし、しばらくのあいだバランスをとる。恒常的な光、すなわちたった一つの最適な効果によって絵の見え方が固定化されるのをロスコが望んでいなかったという事実は、自分の絵に対する彼自身の解釈の重要なポイントである。（…）この世界教会主義的チャペルの内部における、一つに限定された照明効果の放棄は、唯一の真理を追求することの断念、最適な光を選択することの不可能性を象徴していると見なせよう。（Spies 2011, 8:85）

感覚刺激はあいまいであると同時に瞠目すべきものであり、鑑賞者に新たな意味を創造する機会を与えてくれる。またチャペルに整然と展示されている各作品間の調和は、ロスコの後期の作品を特徴づけるものでもあり、目を引く。ロスコの具象画には、これらの色調の暗い還元主義的な絵に匹敵するほど、情動的に豊かで変化に富み、スピリチュアルな反応を喚起する力を持つ作品はない。ドミニク・デ・メニルは、これらのパネルを「彼の生涯にわたる活動の成果」と評し、「彼は（チャペル）を自己の最高傑作と考えていた」と述べている（Cohen-Solal 2015, 190）。

カラーフィールド・ペインティングは、抽象表現主義内で起こった新潮流であり、デ・クーニングやポロックらのアクション・ペインティングとは著しく異なる。ポロックのアクション・ペインティングが活力のあるダイナミックな絵と見られているのに対し、ロスコの絵は、色、形状、バランス、深さ、コンポジション、スケールなどといった強い形式的要素から構成されている。ロスコは色彩に焦点を置くことで、無限を希求する古代の神話的で超越的な芸術形態に現代美術を結びつける新たなスタイルの抽象を目指していた。彼はそれを達成するために、具象的要素を廃し、大きなカラーフィールドが持つ表現力にもっぱら着目したのだ。彼の実験に触発された何人かのアーティストは、具象的な関連づけを抑え、色彩を物体との結びつきという文脈から解放して独自の主題として取り上げるようになった。ある意味でロスコは、知覚や記憶の研究で生物学者が還元主義的アプローチを用いて行なおうとしていることを達成したとも言えよう（第4章参照）。

他のカラーフィールド画家には、ヘレン・フランケンサーラー、ケネス・ノーランド、モーリス・ルイス、アグネス・マーティンらがいる。彼らは皆、ロスコに強い影響を受けている。マーティンが指摘するように、ロスコは、「いかなるものも真実に至る道を遮ることができないようなゼロ地点に到達した」のだ。ロスコと同様、他のカラーフィールド画家も、還元主義に、すなわちアートの複雑性を単純化することに関心を抱いていた。ただし新世代の画家たちは、神話的な内容よりもフォルムを重視した。ロスコは、のちの作品に関して次のように語っている。「絵を描くとは、経験を絵にすることではない。それ自体が経験なのだ」

色彩の抽象と還元へのルイスのアプローチ

モーリス・ルイスは、一九一二年にワシントンD．C．でモーリス・ルイス・バーンスタインという名で生まれた（図9・7）。ボルチモアの美術学院（Maryland Institute of Fine and Applied Arts）で学び、一九三二年に卒業している。そこで彼は、色によって光にあふれた雰囲気を生み出すマティスの技法に感銘を受けた。マティスは、陰影を用いて量感を出すのではなく、巧みに調節された色面同士の対比を用いていた。一九三六年から一九四三年にかけて、ルイスはニューヨークで暮らし、そこで連邦美術計画のイーゼル画部門に参加していた。この時代の初期の絵は具象的で、貧困、労働者、風景などのありきたりの場面を描いていた（図9・8、図9・9）。

図9・7　モーリス・ルイス（1912-1962）1950年頃

ルイスはニューヨークで暮らしているうち、ポロックとニューヨーク派の影響を受け始めるが、やがてロスコや、より直接的にはフランケンサーラーに触発されてアクション・ペ

図9・8　モーリス・ルイス『無題（2人の女性）（*Untitled (Two Women)*）』（1940-1941、30.5 × 50.8cm）

インティングからカラーフィールド・ペインティングに転向する。切磋琢磨しながら、ルイスとノーランドはニューヨーク派を発展させるワシントンカラー派の核を形成する。そこで二人は、ルイスが以前から抱いていたマティスの色づかいに対する関心に従って、独自のスタイルのカラーフィールド・ペインティングを発展させる。

ルイスはアクリル絵具を希釈して、完成品ではない未延伸の大きなカンバスに直接注いだ。そうすることで絵具は自然に垂れ、カンバスの素材に直接染み込んだ。その結果、奥行きの錯覚は生じなくなり、色彩がカンバス表面の必須の構成要素になった（Upright 1985）。ブラシやスティックを用いずに絵具を垂れるにまかせるこの技法は、アクション・ペインティングと大きく袂を分かつ。

一九五三年四月、ノーランドはクレメント・グリーンバーグをワシントンに連れてきてルイスに引き合わせた。グリーンバーグはすでにそのとき、アメリカでもっとも影響力のある思慮深い美術評論家の一人になっていた。また、ポロックと抽象表現主義の主要な支持者の一人でもあった。グリーンバーグは、ポール・セザンヌやキュビストの先例にならって平坦さに絵画独自の特徴を見出し、それゆえ絵画から奥行きの錯覚をすべて取り除き、それに対する関心を彫刻に委ねるべきだと考えていた。

グリーンバーグは、ルイスの作品を見て非常に強い印象を受ける。そこにモダニズムの本質を見たのだ。ルイスは絵画の特徴である平坦さを用いて絵画それ自体を批判し、しかもそれを伝統的なイーゼル画を解体することで行なった。グリーンバーグは、「従来、絵画のこの特徴は制約と見なされ、間接的に認識されていたにすぎないが、モダニストはそれをポジティブな要因と見なし、その効用をはっきりと認めていた」と論じた。ルイスの絵は、この見方の正しさを裏づける証拠になった（Greenberg 1955 and 1962）。

図9・9　モーリス・ルイス『風景（*Landscape*）』（1940年代頃、油彩、カンバス、38.1 × 48.18cm）

一九五八年から時期尚早の死を迎える一九六二年までの四年間、ルイスは『ヴェール（*Veils*）』『アンファールド（*Unfurled*）』『ストライプ（*Stripes*）』と呼ばれる三つの主要な絵画シリーズを制作した。各シリーズは驚くほど一貫性があり、一様にすぐれた一〇〇以上のカンバスから構成される。彼はカンバスと、絵の制作過程を操ることで独自のタイプの絵画を発展させた。いかに操ったのかは謎に包まれており、彼は自分の方法について書き留めたことがなく、そもそもダイニングルームを改造したスタジオで自分が仕事をしているところを決して誰にも見せなか

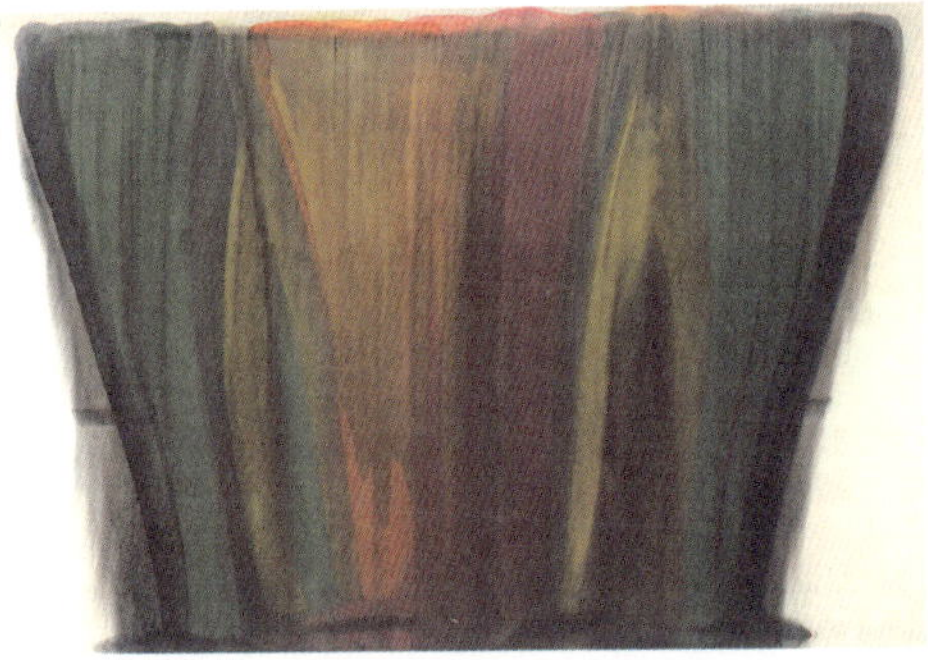

図9・10　モーリス・ルイス『金色と緑色（*Green by Gold*）』（1958）©2016 MICA. administered by Artists Rights Society (ARS). All right reserved.

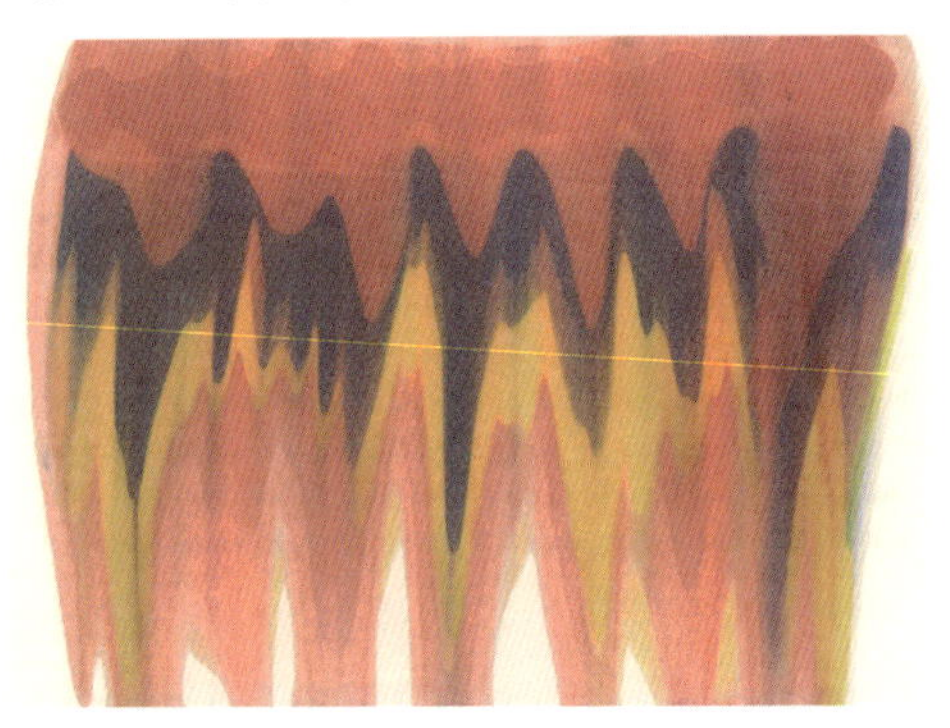

図9・11　モーリス・ルイス『サフ（*Saf*）』（1959）©2016 MICA. administered by Artists Rights Society (ARS). All right reserved.

った。したがって現在知られているのは、表面に絵具を注ぐ前に、自作した伸張具（ストレッチャー）を使ってカンバスに手を加えていたということだけである。

一九五四年に着手した最初のシリーズ『ヴェール』は、最大で一二の色の重なり合いによって構成されている（図9・10、図9・11）。これらのロマンチックな絵は、一般に地球や光や空に結びつけられ、それらの象徴として扱われている線や色が誇張されており、そのため鑑賞者は一九世紀の風景画を見ているような感覚を抱くはずである。サイズは七フィート〔およそ二・一三メートル〕×

図9・12　モーリス・ルイス『アルファ・タウ（*Alpha Tau*）』（1960-1961）

一二フィート〔およそ三・六五メートル〕あり、巨大だ。リプシーが指摘するように、カンバスが提供するニュートラルな背景に対する色面の単純な外形は、彫塑的な要素を感じさせる。ルイスはそのフォルムを「ヴェール」と呼び、重力に逆らってカンバス上に自由に立ち現われるものと見なしていた。黄色からオレンジ色や青銅色に至る色彩は穏やかである。リプシーは次のように書く。「ロスコの古典的なイメージ同様、ルイスのイメージは非具象的なアイコンとして作用している」（Lipsey 1988, 324）

一九六〇年夏、ルイスは『アンファールド』シリーズの制作に着手する。このシリーズに属する絵は、彼の作品中でももっとも見分けやすく、おそらくはもっとも重要な作品群と見ることができよう。「アンファールド」というタイトルは〔「unfurl」は「丸めたものを広げる」という意〕、彼が絵具を注ぐ前にカンバスを丸め、絵具が染み込むにつれカンバスを広げていったことに由来する。このシリーズの絵は、カンバスの中央上部に大きな空間が広がっているので見分けがつく。キュビストにとってさえもっとも重要なものとして慣例的に

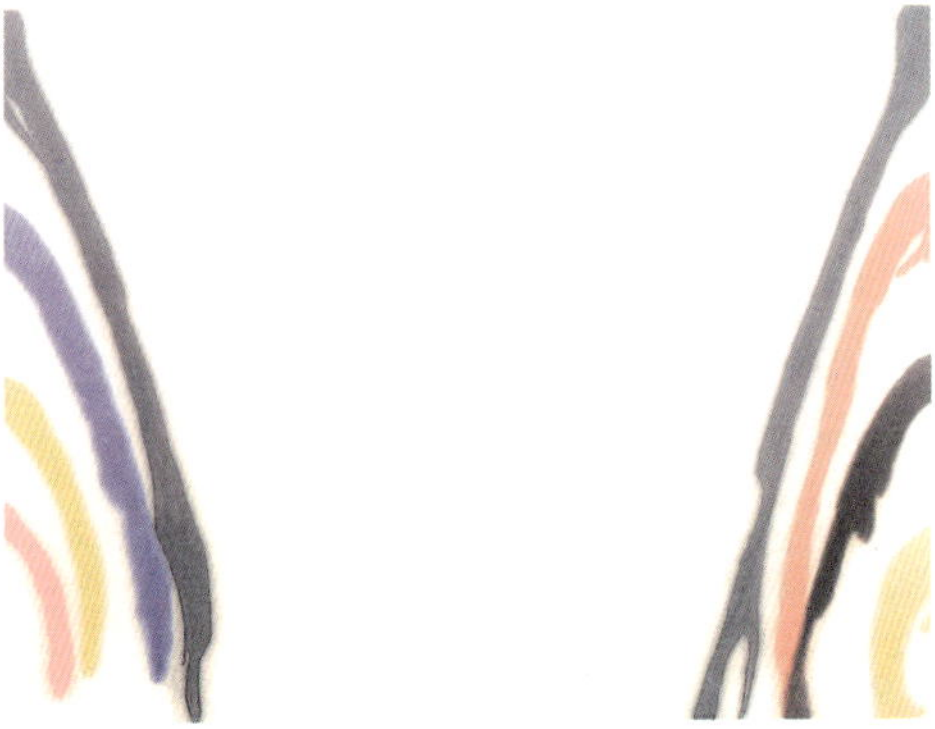

図9・13　モーリス・ルイス『デルタ（*Delta*）』（1960）

扱われていたこの部分が、完全に空白のまま残されているのだ。鑑賞者の注意は、ただちに絵の上部に引きつけられるだろう。なぜなら、ワシリー・カンディンスキーが指摘するように、そこは鑑賞者の魂や心を高揚させる領域だからだ。このシリーズの絵に見られるもう一つの顕著な特徴は、巨大なカンバスの縁から中央に向けて伸びる二つの虹のパターンである（図9・12、図9・13）。

『アンファールド』シリーズは、絵画におけるまったく新たな見方を代表している。最大で二〇フィート（およそ六メートル）もの幅を持つ絵は、ルイスの作品のなかでも最大のもので、実のところ彼がそれを制作していたスタジオより幅広い。即興で制作されたかのようにも見えるが、実際には非常に系統的な手法が用いられている。このシリーズでは、V字型の中央を空白にし、その周囲の空間に絵具を流すことで『ヴェール』シリーズのイメージを逆転させている。彼はこれらの作品を、あらかじめ計画を立てて慎重に制作したのであり、できが自らの基準にそぐわなければ破棄していた。

ルイスは死去するまでの晩年、『ストライプ』シリーズを制作していた。このシリーズの絵は、極端に長く狭いカンバスの上から下まで同一の強度で描かれた、何本かの水平もしくは多くの場合垂直の純色の帯で構成されている（図9・14、図9・15）。これらの帯はあたかも動けるかのように見え、色や配置などの特徴に応じて光学的に相互作用し合う。絵具を流れるにまかせた以前のシリーズと比べ、『ストライプ』シリーズは、自然に生じた岩石層のごとく見えるよう意図され、はるかに系統的に描かれた何本かの線で構成される。グリーンバーグはこれらの絵を、ルイスのもっともピューリタン的な作品、つまり制作するにつれ、ますます純粋かつ単純なものになっていく究極の還元主義的作品と評している。

一九六二年、ルイスは肺がんを診断された。気化した絵具を長きにわたり吸引していたために発

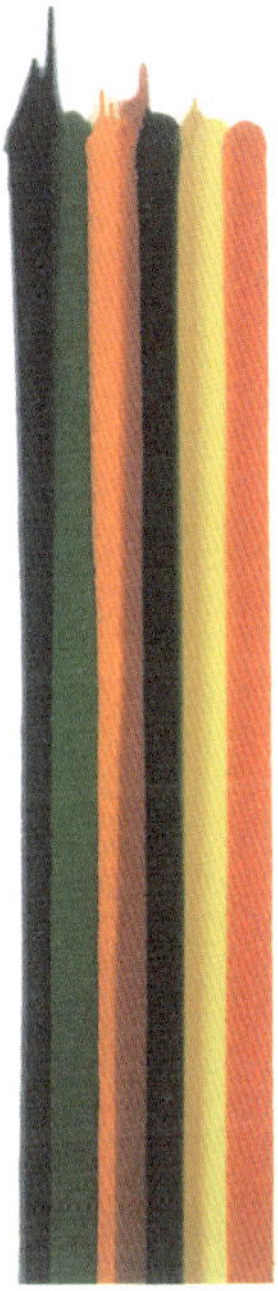

図9・14　モーリス・ルイス『水の別れ（*Parting of Waters*）』（1961）

症したと考えられている。そしてその後すぐ、自宅にて四九歳で死去している（Upright 1985; Pierce 2002）。

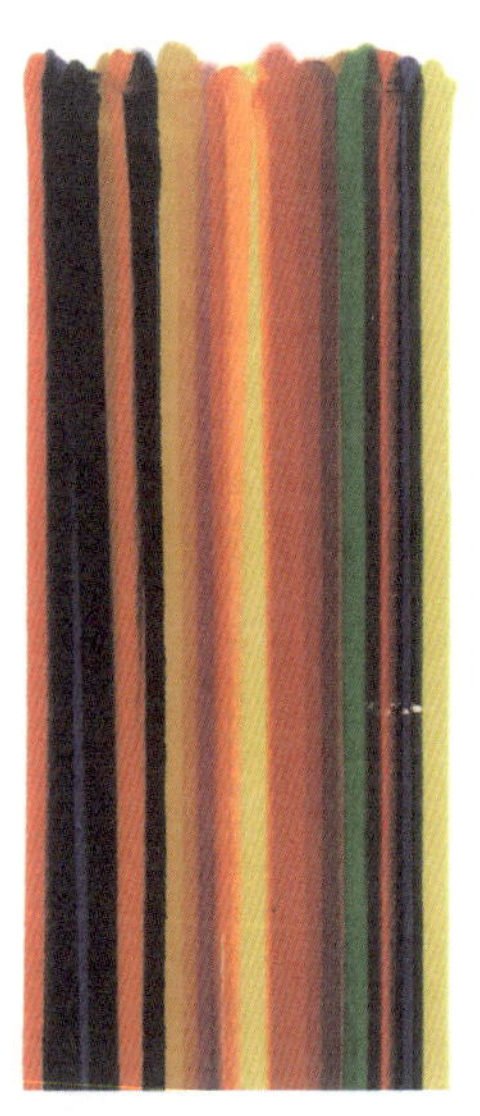
図9・15　モーリス・ルイス『第三の要素（*Third Element*）』（一九六一、アクリル樹脂（マグナ）、カンバス、DU458、217.2 × 129.5cm）

カラーフィールド・ペインティングの情動喚起能力

ともに抽象表現主義の分派であるアクション・ペインティングとカラーフィールド・ペインティングは、いずれもフォルムと色の分離を巧みに利用し、線と色を強調するために意図的にフォルムを放棄した。ポロックとデ・クーニングは柔和な外形とあいまいな輪郭を描くことで、脳の持つ限られた注意力をより多くパターンに向けられるようにした。ロスコ、ルイスらカラーフィールド画家は、色そのものを強調することで、さらにはっきりと注意力に焦点を合わせた。バーネット・ニューマンは、それによって得られた効果について次のように簡潔に述べている。

私たちは、崇高なものであれ、美しいものであれ、時代遅れのイメージとの関連を呼び起こす小道具や仕掛けを含まないリアルなイメージを生み出しているのだ。(…)私たちが創造するイメージは、リアルで具体的な自明の啓示であり、それを見る者は誰であれ、懐古の念を呼び覚ます歴史のメガネをかけていなくても理解することができる。(Newman 1948)

美術アカデミーの絵画とは異なり、彼らが創造するイメージは識別可能なフォルムを欠いているが、その爆発的な色調は鑑賞者に巨大な情動的影響を及ぼす。それはなぜか? その一つの理由として、具象的要素を欠く抽象画は、具象画とは非常に異なるあり方で脳を活性化させることがあげられる。つまりカラーフィールド・ペインティングは、色に関する関連づけを鑑賞者の脳に引き起こすことで、知覚や情動に影響を及ぼすのだ。次章で見るように、脳には色の処理に特化した領域が存在するがゆえに、この効果はよりいっそう重要な意味を帯びてくる。

第10章　色と脳

現代の抽象芸術は、フォルムの解放と色の解放という、おもに二つの解放によって発展してきた。ジョルジュ・ブラック、パブロ・ピカソに先導されたキュビストは、フォルムを解放した。以後現代美術は、外界の事象に基づく自然なフォルムという幻影より、アーティストの主観的なビジョンや心の状態を表現することが多くなる。現代において色をフォルムから解放し、色づかいや色の組み合わせが驚くほど強い情動的影響を及ぼしうることを示したのは、おもにアンリ・マティスであった。

フォルムによって色が決定されないとなると、特定の具象的文脈のもとでは「妥当ではない」ように思われた色が、「実のところ妥当である」と見なされるようになる。というのも色は、特定の物体を表現するためではなく、アーティストの内的なビジョンを伝えるために用いられるようになったからである。さらにフォルムと色の分離は、霊長類の持つ視覚システムの構造や生理的特徴に関する知見、すなわち「フォルム、色、動き、奥行きは大脳皮質で個別に分析される」という知見とも合致する。事実、リビングストンとヒューベルが指摘するように、脳卒中に見舞われた人は、色、フォルム、動き、奥行きの知覚能力のいずれかを失うことが驚くほど多い（Livingstone and Hubel 1988）。

色覚

すでに見たように色覚は、網膜の中心部に集中する、光に敏感なタイプの細胞、錐体細胞に依存する。錐体細胞によって処理される情報は、桿体細胞によるものと同様、皮質にコード化される。目の錐体細胞には三つのタイプがあり、おのおのが異なる感光色素を持つ。感光色素とは光の情報を神経シグナルに変換する分子で、一定の範囲の波長を持つ可視光線に感応する（図10・1）。人間の視覚メカニズムは、地球に到達する太陽光線のなかでももっとも強い、比較的狭い帯域の波長のもののみをとらえることができる。またこの帯域の光は、より短い波長と長い波長の光を吸収する地球の大気圏を通過することができる。したがって私たちの視覚システムと色覚は、いかに人類が、環境内の利用可能な素材を有効に使うよう進化してきたかを示す好例の一つと言える。

可視光線の波長は、紫として知覚される三八〇ナノメートルから暗い赤として知覚される七八〇ナノメートルに至る範囲を占める。三つのタイプの錐体細胞は重なり合う光の波長に感応するので、視覚システムは、可視スペクトル内の色、つまり自然な物体に典型的に見られる単純な構造によって反射される色を表象するために、赤、緑、青という三つの値のみを必要とする。

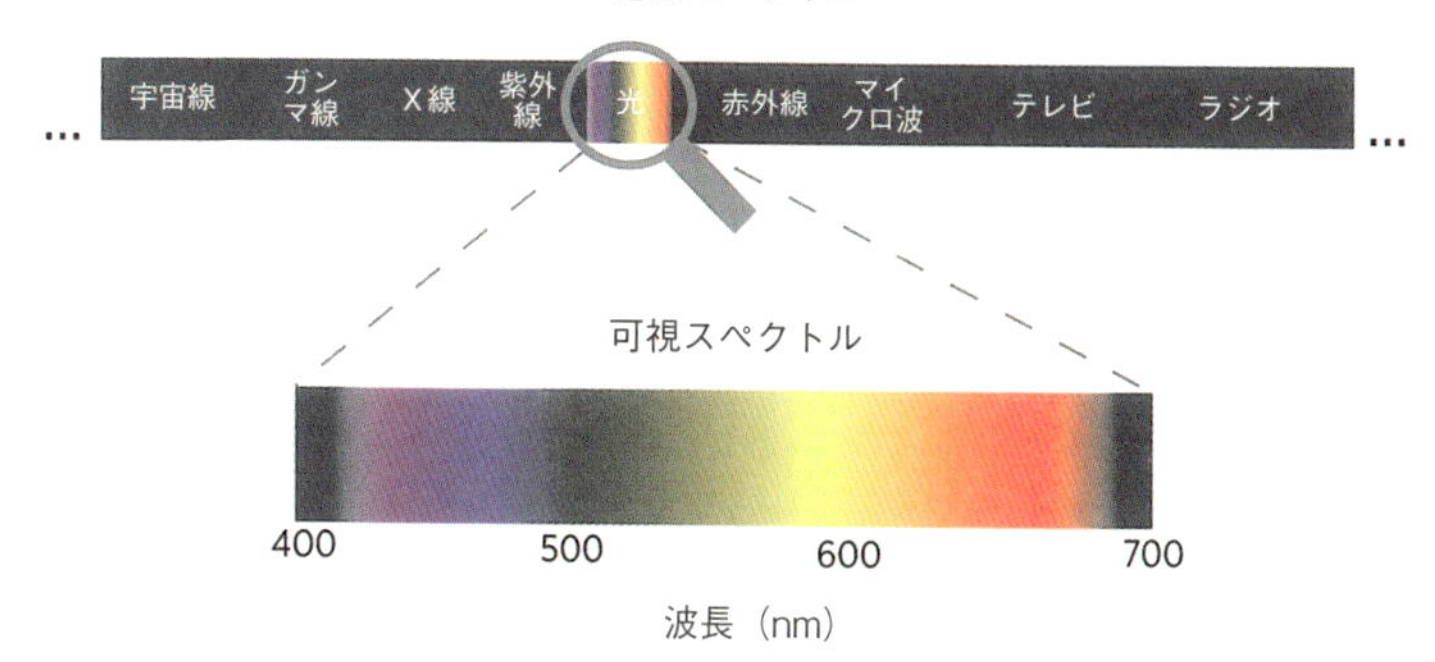

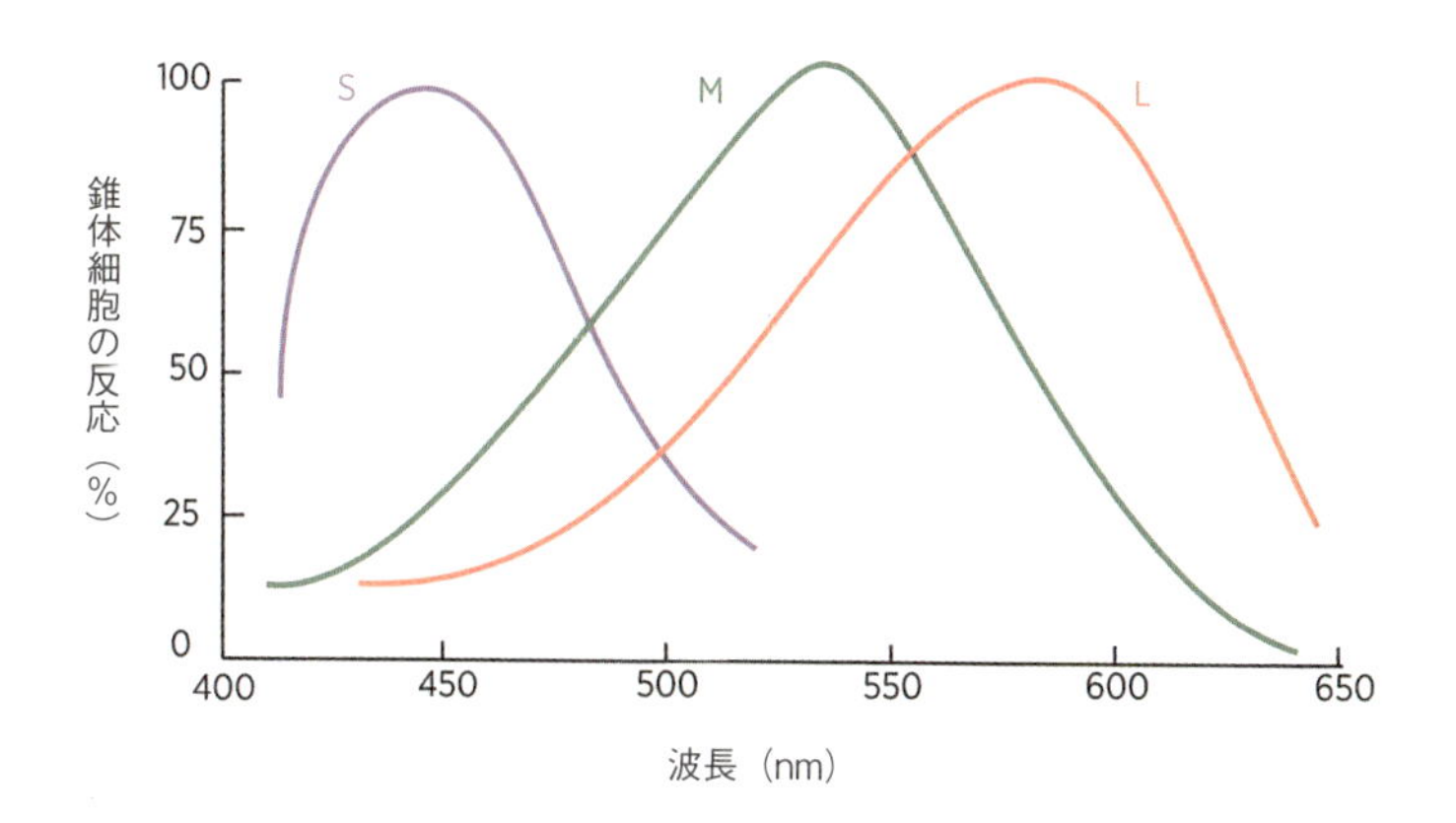

図10・1　（a）人間の目でとらえられる光は、可視スペクトルと呼ばれ（下段のスペクトル）、電磁スペクトル全体（上段のスペクトル）の一部を占めるにすぎない。（b）三つのタイプの錐体細胞の感光性の重なり。

色覚は、基本的な視覚識別において重要な役割を果たす。それがなければ気づけないパターンに気づくことを可能にし、輝度の変化とともに一つのイメージを構成する各構成要素間のコントラストを際立たせる。しかし人間の視覚は、輝度に変化がなく色のみに依拠しなければならなくなると、空間を詳細に把握することが驚くほど困難になる。

私たちの脳は、おのおのの色を独自の情動的特徴を持つものとして処理するが、色に対する私たちの反応は、それを見る文脈やそのときの気分に応じて変わってくる。文脈に関係なく情動的な意義を帯びやすい話し言葉とは異なり、色は、トップダウン処理の影響をはるかに受けやすい。そのため同じ色が、人によって、あるいは同じ人でも文脈が異なれば違った意味を帯びうるのである。私たちは一般に、くすんだ混合色より、鮮やかな純色を好む。アーティスト、とりわけモダニストの画家は、情動的な効果を生むために色を誇張してきたが、どのような情動が喚起されるかは鑑賞者や文脈に依存する。色に関するこのあいまいさは、一枚の絵が、それを見る人によって、あるいは同じ人でも見るたびに異なる反応を引き起こしうる一つの理由になるだろう。

印象派やポスト印象派の画家による情動的な色彩の効果は、一九世紀中盤に確立された二つの技術革新によって実現した。一つは、それまでは再現できなかった種々の生き生きとした色の使用を可能にした一連の合成色素の導入であり、もう一つは予め混ぜ合わされたチューブ入り油絵具の利用が可能になったことである。それまでは乾燥した各種色素を手で砕き、オイルを使って慎重に練り合わせなければならなかったが、チューブ入り絵具を入手できるようになると、画家はより多種類の色を使えるようになった。加えて、チューブは再密封が可能であるうえに簡単に持ち運べるので、屋外で絵を描くことができるようになった。

カラーフィールド画家の作品が鑑賞者の情動や想像力に強い影響を及ぼすことに鑑みれば、私たちの脳には顔に劣らず色が重要であるのは特に驚きではない。そのことは、脳が光やフォルムとは別に色を処理する理由の一つであると考えられている。第3章で検討したように、下側頭皮質には六つのフェイスパッチが存在し、それらのおのおのが顔の特定の情報を処理することに特化している。最新の研究では、色やフォルムに関する情報を処理すると見られる類似の領域が、ｗｈａｔ経路に沿って存在することが明らかにされている（Lafer-Sousa and Conway 2013）（図10・2）。

フェイスパッチ同様、色を処理する領域〔以下色処理領域と訳す。なお、もとの表現は「color-biased region」であるが、該当論文の概要を参照すると色、顔、場所、形状などの物体のさまざまな特徴のいずれかに選択的に反応する領域のうち、特に色に強く反応する領域をそのように呼んでいる。同様に顔に選択的に反応する領域がフェイスパッチであることになる〕は相互作用する階層構造をなし、上位の階層に属する領域ほどより厳密に選別された情報を処理する（Lafer-Sousa and Conway 2013）（図3・1）。リビングストンとヒューベルが最初に示したように、一次視覚皮質では色はフォルムと別に処理される。また、下側頭皮質の色処理領域はおおむねフェイスパッチの下に存在し、それに結合している（図10・2）。とはいえ、色処理領域とフェイスパッチは、一般には重なり合っていない。両者は、相互に結合はしているが、

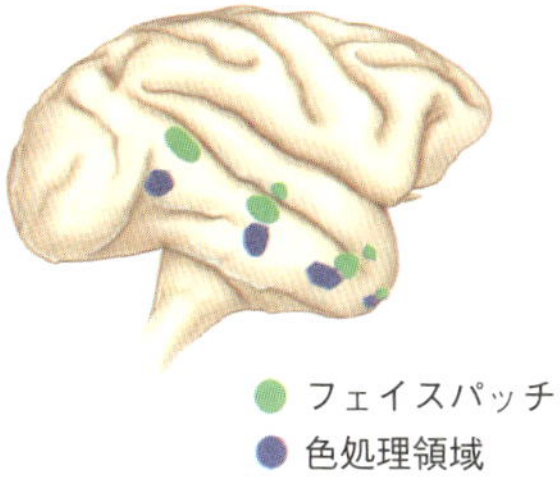

フェイスパッチ
色処理領域

図10・2　マカクザルの脳におけるフェイスパッチと色を処理する領域の位置

おおむね独立して機能するいくつかのネットワークを介して情報を処理している（Lafer-Sousa and Conway 2013; Tanaka et al. 1991; Kemp et al. 1996）。そしてそれぞれのネットワークは、視覚対象の物体に関する一つの完全な機能的表象を構成する。

色と情動

芸術作品に対する情動反応に色彩が及ぼす深甚な効果の生物学的基盤は、視覚システムと他の脳領域の結合にある。色処理領域とフェイスパッチを宿す下側頭皮質は、記憶を司る海馬と、情動を統制する扁桃体との直接的な結合を持つ。

扁桃体は視覚皮質のいくつかの領域に情報を送り（Freese and Amaral 2005; Pessoa 2010）、それによって色覚を含めた知覚作用に影響を及ぼす。ダニエル・ザルツマン、リチャード・アクセルらは、扁桃体には快い刺激に選択的に反応する細胞と、脅威を与える刺激に選択的に反応する細胞があることを発見した（Gore et al. 2015）。さらには快い刺激に反応する細胞に、快い刺激と同時に中立的な刺激を与えると、中立的な刺激は快い刺激と関連づけられ、快さを表現する反応を引き起こすことがわかった。言い換えると、快い刺激に反応する細胞が、快い刺激とペアで与えられた本来は中立的な刺激を、学習された快い刺激に結びつけ、かくしてトップダウン処理を通じて知覚に影響を及ぼすようになったのだ。これらの細胞には、特定の色や組み合わせにポジティブに反応するものもあるかもしれない。この見方が正しければ、それと同じ色の他のイメージや、その色によって喚起された思考は、条件づけられたポジティブな反応を引き起こすだろう。この現象は、アメフラシに見出された相関学習と同種のメカニズムに媒介されているのかもしれない（第4章）。

下側頭皮質は、他にも側坐核、内側側頭皮質、眼窩前頭皮質、腹外側前頭前皮質という四つの脳領域と結合している。これらの領域との結合は、顔や色の行動への影響、ポジティブもしくはネガティブな情動反応、快を引き起こす能力、物体を認識し分類する能力に関して重要な役割を果たしていると考えられる（Lafer-Sousa and Conway 2013）。

色は物体の重要な構成要素ではあるが、孤立した属性ではなく、明るさ、フォルム、動きなどの他の属性とも不可分に結びついている。その結果色覚は、二つの機能を果たしている。明るさとともに色は、特定の物体が、輪郭づける境界のどちら側に帰属するのかを画定することを支援し、陰影や一群の物体の構成要素をめぐるあいまいさを解消する。かくしてたとえば、色は花束のなかから一本の花を見つけられるようにする（図10・3）。まず上段の写真の紫色とオレンジ色の花を眺めてみよう。色に関する情報が除去されると（中段の写真）、二種類の花は識別できなくなる。加えて色は、私たちが物体を認識するために用いている表面属性を特定する際に、手がかりを与えてくれる（その花が生き生きとしているかしおれているかなど）。

概して私たちの脳は、つねに変化する世界にあって、物体や表面が持つ変わることのない本質的な特徴についての知識を必要とする（Meulders 2012）。その実現のためには、脳は表面的な変化のすべてを、どうにかして縮減しなければならない。色覚は、脳がそのために実行している手段の一つなのである。

物体によって反射された光は、目に入ると網膜の特定の錐体細胞を活性化させる。脳は、光が反射した物体の面反射率と、それを照らしている光の波長構成を計算に入れることで、意識の介在なしに光を分析する。面反射率とはその物体が持つ恒久的な基本属性であり、光源に照らされた物体が、全波長にわたりあらゆる方向に反射する可視光線の総量を表す。脳は周囲の光の波長構成を、視覚場面の他の特徴に対する効果から、つまり文脈に基づいて推定する。それから照明条件に関する情報を捨て去ったり割り引いたりして、実際の反射率を引き出す。

しかし反射率は一定しておらず、その物体を照らしている光の様相に応じてつねに変化している。私たちは、晴れか曇りか、あるいは明け方か真昼か夕方かなどといった日照条件の違いにもかかわらず、たとえば木の葉を見るときにはいつもそれを緑色の葉として認識している。これらの異なる条件のもとで、木の葉によって反射された光の波長を測定すれば、木の葉は、たとえば明け方には

フルカラー

白黒のみ

色のみ

図10・3
a．通常のフルカラーの花の写真は、明るさと色の変化に関する情報を含んでいる。
b．白黒の写真は明るさの変化をとらえている。そのため空間情報の細部にわたる識別が容易である。
c．色のみの写真は、色調と彩度に関する情報のみ含み、明るさの変化に関する情報を含まない。そのため空間情報の細部にわたる識別が困難である。

およそ赤い光を反射していることがわかるだろう。その時間帯には赤い光が優勢だからだ。それでも私たちには、木の葉は緑に見える。木の葉などの物体の基本的な色を保持する脳の能力は、「色覚恒常」と呼ばれる。実のところ、木の葉の色が、それによって反射される光の波長が変化するごとに変わって見えたら、木の葉を識別することはできなくなるだろう。その場合脳は、色以外の属性を用いて木の葉を識別しなければならなくなり、色は生物学的な信号メカニズムとしての意義を失うことになるだろう。

物体を取り巻く環境も、その物体の色の決定に必須の役割を果たしている。そのことは、ロスコの一九五八年の作品『＃36　ブラックストライプ（*#36 Black Stripe*）』（図９・５）でも確認できる。この絵に描かれている黒い縞によって反射された光は、それを取り囲む赤みがかった色の知覚に影響を及ぼす。このように、色は可視光線の波長という物理的リアリティに基づくとはいえ、知覚の他の側面と同様、外界ではなく脳の特性なのである。

色のあいまいさに関するおもしろい事例が、二〇一五年二月二六日に登場した。その日ある女性が、娘とその婚約者に、二人の結婚式に着ていく予定のドレスの写真を見せた（Macknik and Martinez-Conde 2015）。娘はそれを金色の縞が入った白いドレスとして見たが、娘の婚約者は黒い縞の入った青いドレスとして見た。花嫁の友人の一人が、このドレスの画像をインターネットに投稿し、それが何色に見えるかを世間に問いかけた（図10・４）。それから数日間、この件をめぐってさまざまな議論がソーシャルメディアなどで巻き起こった。意見はまっ二つに分かれた。金色の縞が入った白いドレスとして見た人は、黒い縞の入った青いドレスに見える可能性をまったく認めなかったし、逆も同じであった。同じドレスが人によってかくも異なって見えるなどということが、どうして起こるのか？　その答えは、照明と脳の違いに求められる。この事例は、文脈に依存する通常の色の定義を照明が無効化しうることを示している。

　色は錐体細胞に媒介される点に鑑みると、その種の知覚の相違に関する説明の一つとして、網膜中の赤、緑、青に対応する錐体細胞の比率が人によって異なるという説があげられる。しかしランドルフ＝メイコン大学のシダー・リーナーが指摘するように、この比率に大きな差があったとしても、色の感受性には影響がない。私たちは、輝度、すなわち網膜に入って来る光の量に基づいて色を知覚している。人々は図10・4の照明をめぐって、強度のみならず波長構成に関しても独自の経験（と期待）をあらかじめ持っている。芸術作品にしろ、ドレスにしろ、それを知覚する際、私たちは独自の経験や信念を持ち込むが、私たちの脳の色を処理するメカニズムは、知覚対象をめぐる

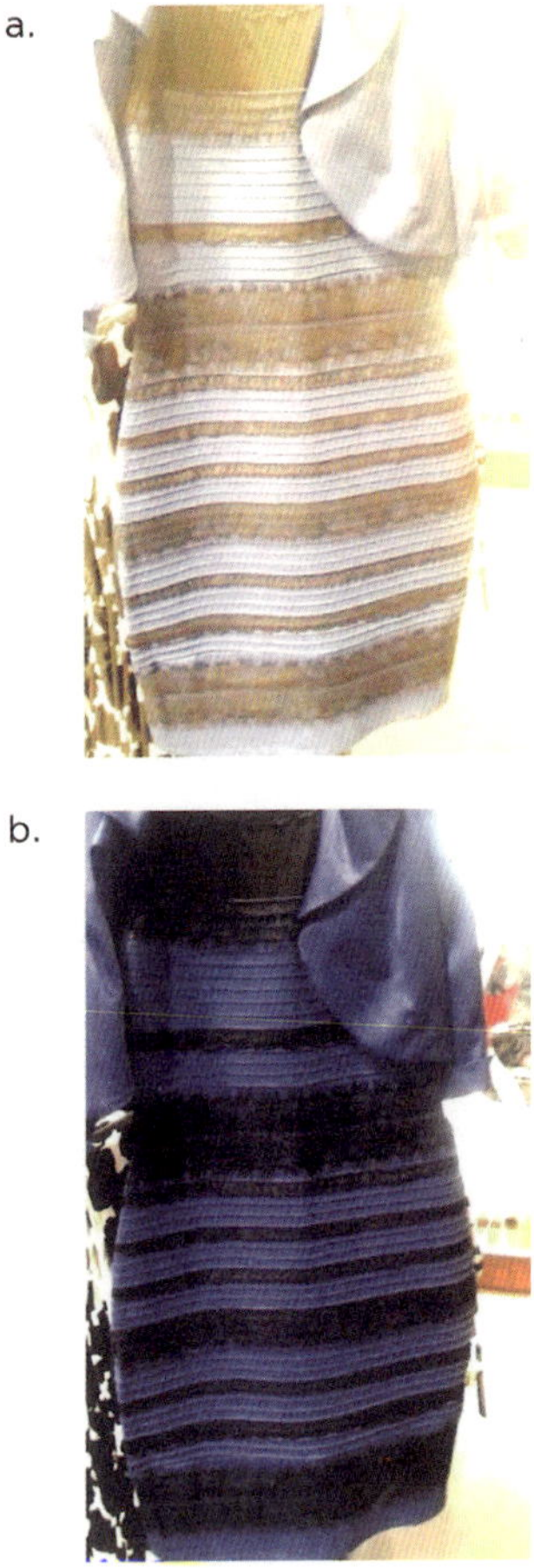

a.

b.

図10・4
a. ドレスは白と金色か？
b. ドレスは青と黒か？

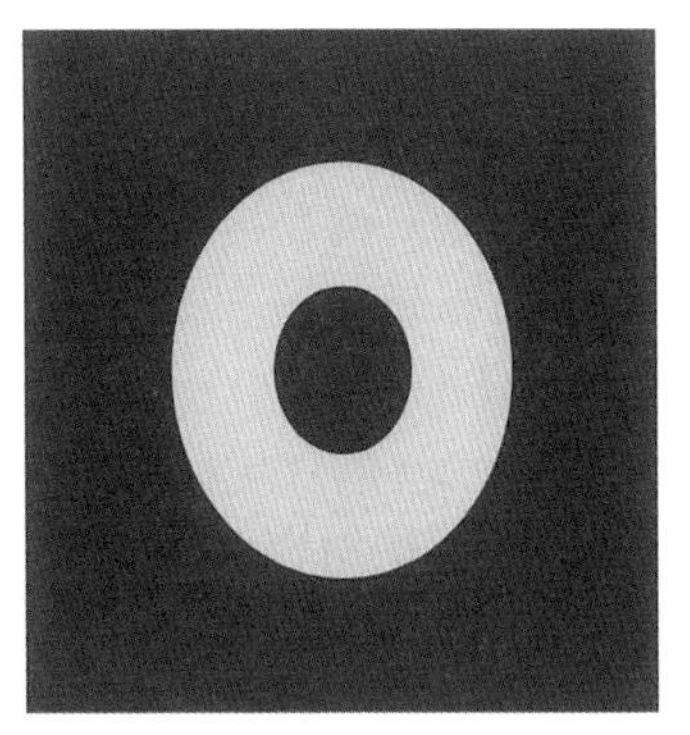

図10・5　物体の見かけは、原理的に背景とのコントラストに依存する。上図の灰色の輪の明るさは同一であるが、背景とのコントラストが異なるために違って見える。

その人独自の経歴や記憶の影響を受けるのだ。

また物体の見かけは、それを取り巻く環境とのコントラストにも大きく依存する。したがってたとえば、図10・5に示した二つの灰色の輪の輝度は、実際には同じであるにもかかわらず、背景とのコントラストが異なるために違って見える。

私たちの脳は、網膜に入って来る光の量に関して、照明条件に関する情報を割り引きつつ、面反射率に関する情報を引き出しながら、つねに評価を行なっている。しかし先のドレスの例では、文脈が変化していないにもかかわらず視覚は変化している。青を差し引いてドレスに白と金色を見る人もいれば、金色を差し引いて青と黒を見る人もいるのだから。

図10・4の照明は、かなりのあいまいさを生んでいる。ドレスにどんな光がどう当たっているのかは判断しがたい。部屋の明かりは、明るいのか薄暗いのか？　光は黄色なのか青なのか？　このあいまいさは、私たちの脳が特定の知覚的決定を下すことで、意識の埒外でノイズから秩序を構

築している事実とあいまって、ドレスの色をめぐって人によって異なる結論が導き出される理由を説明する。

実のところ、このドレスの縞は、既知の（測定可能な）スペクトルを含んでいる。単刀直入に言えば、ドレスは青と黒から成る。しかし写真の背景をなす物体の色に注目すると、図10・4aは光量が過剰で、露出過度に見える。したがってドレスは、写真の見かけより暗い色でなければならない。意識の埒外で脳がこのような結論を導き出した人は、ドレスを青いものとして見る。だが、照明に関してそれとは異なった仮定を立てる人もいる。実際、何かの陰に置かれた（それゆえ太陽光そのものではなく青空の反射光によって照らされた）物体は、青い光をかなり反射している。この青い反射光を無視するよう無意識裏に評価する脳を持つ人は、ドレスを白いものとして見るだろう。

これについてパーブス〔神経科学者〕は、現在私たちが理解している観点から次のように述べている。「一般には色は物体の属性だと考えられているが、実際には脳によって構築されるものである」（Hughes 2015）。ドレスの事例が明白に示すように、色覚はトップダウン処理の影響を強く受ける。アーティストはこの事実を、赤が愛情、勇気、血を表し、緑が春や成長を表すなど、色が情動を伝達しやすいという事実とともに巧妙に利用しているのだ。しかしいかなるケースでも、線やテクスチャーと同様、色に意味を割り当てているのは鑑賞者自身なのである。

第11章　光に焦点を絞る

鑑賞者の想像的な関与を促進する、劇的に還元されたアートを探求するにあたり、光と色、あるいは単に光だけを用いたアートの創造を試みたアーティストがいる。彼らの作品は展示空間のあり方を変え、鑑賞者を文字どおりアートの内部に取り込み、場合によっては幻覚的な効果を生むようになったのだ。

図11・1　ダン・フレイヴィン（1933-1966）
©Fred W. McDarrah / Premium Archive / Getty Images

フレイヴィンと蛍光灯

ダン・フレイヴィンは、自分が制作するアートを意図的に光と色に限定したアーティストである（図10・1）。彼は一九三三年にニューヨーク市のクイーンズ区で生まれ、一九六〇年代にコロンビア大学で美術史を研究していた。その時期

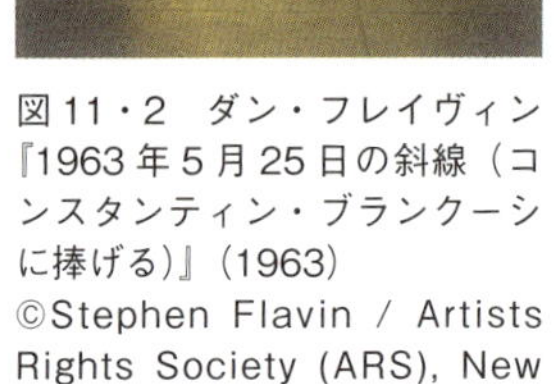

図11・2　ダン・フレイヴィン『1963年5月25日の斜線（コンスタンティン・ブランクーシに捧げる）』（1963）
©Stephen Flavin / Artists Rights Society (ARS), New York

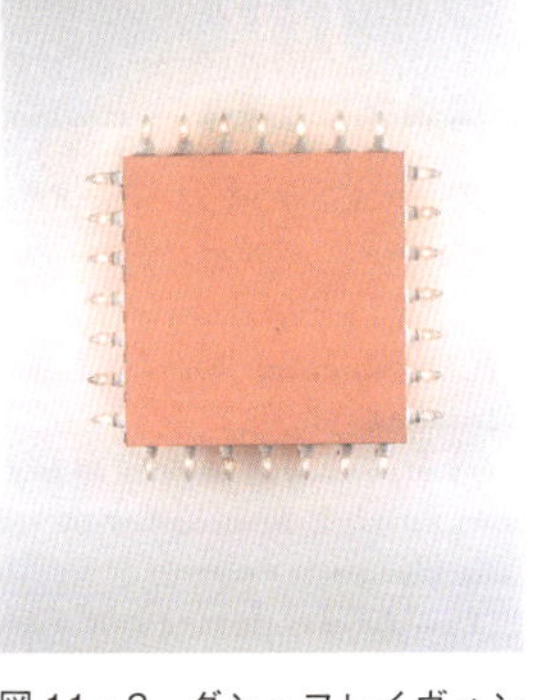

図11・3　ダン・フレイヴィン『アイコンV（コランのブロードウェイフレッシュ）』（1962）
©Stephen Flavin / Artists Rights Society (ARS), New York

の彼のデッサンや絵は、ニューヨーク派の影響を受けていた。その後彼は、つぶれた空き缶など、街路で見つけたモノを用いてコラージュを制作するようになる。彼の最初の画期的な作品は、一九六三年に制作された『一九六三年五月二五日の斜線（コンスタンティン・ブランクーシに捧げる）（*The Diagonal of May 25, 1963 (to Constantin Brancusi)*）』（図11・2）である。この作品には、市販の蛍光灯が使われており、その後それは彼のトレードマークになった。彼は一本の黄色い蛍光灯を何の飾りも細工もなしに、画廊の壁に四五度の角度で立てたのである。彼はそれを「私的なエクスタシーの斜線（diagonal of personal ecstasy）」と呼んでいる。

フレイヴィンのアートは、市販の標準的な蛍光器具を、光と色で構成される環境を形成する、文字どおり輝く展示物に変える。『アイコンV（コランのブロードウェイフレッシュ）（*icon V (Coran's Broadway Flesh)*）』などの初期の作品では、彼は絵の周りに電球を取りつけた（図11・3）。やがて蛍光灯が彼の作品の中心を占めるようになる（図11・2、図11・4）。蛍光灯がそれ自体で芸術作品として成立しうることを明らかにすることで、マルセル・デュシャンの足跡を追ったのだ。デュシャンは、便器や自転車の車輪などの既製品を用いた二〇世紀初期の有名な作品によって、何の変哲もない実用的なモノでも、芸術作品が展示される環境のもとに置かれれば、芸術作品になることを示し、アートの創造性に関するそれまでの見方に敢然と挑戦したフランスのアーティストである。この考えはさらに、アンディ・ウォーホルやジェフ・クーンズらによってつきつめられていく。フレイヴィン同様、彼らは実用的なモノがスピリチュアルな価値を持ちうることを示したのだ。

フレイヴィンは『一九六三年五月二五日の斜線』を制作したあと、『V・タトリンに捧げる「モニュメント」(*“Monument” for V. Tatlin*)』の制作に着手している(図11・4)。彼はロシアのアーティスト、ウラジーミル・タトリンに捧げられた彫刻シリーズの一つであるこの作品で、長さの異なる何本かの蛍光灯を一つの構造へと組み合わせている。

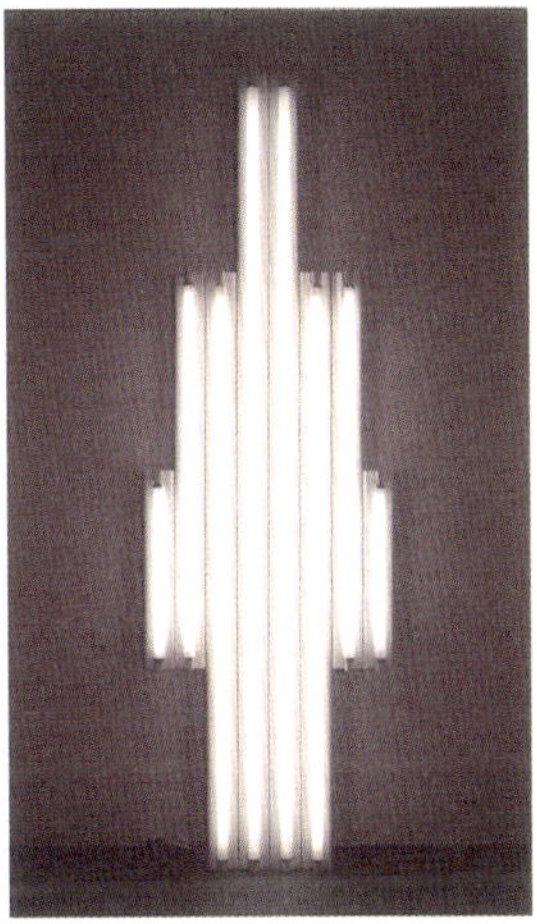

図11・4　ダン・フレイヴィン『V・タトリンに捧げる「モニュメント」』(1969)
©Stephen Flavin / Artists Rights Society (ARS), New York

フレイヴィンの作品は、物体としてのアートという慣例的な概念に敢然と挑戦する。蛍光器具が発し周囲の空間に浸透していく光が、壁や床や鑑賞者に一様に反射して、鑑賞者とアートの区別をあいまいにし、鑑賞者をアートの一部たらしめる。彼が創り出す色と光の豊かな空間は、鑑賞者と独自の関係を取り結ぶ。彼の作品の前に立つと、私たちはその光によって自分自身を見、基本的に室内のそれ以外の照明を割り引く。

タレルと光と空間の現前

ジェームズ・タレル（図11・5）は光の使用をまったく異なる方向へと拡張した。フレイヴィンが光と色から成る環境を創造したのに対し、タレルは純然たる光と空間の現前から驚くべき芸術作品を生み出した。ダントーが述べるように、それらは「美しく輝くえもいわれぬ長方形であり、鑑賞者はそれを神秘的なビジョンのごとく経験する」（Danto 2001）。『ザ・ニューヨーカー』誌の美術評論家カルヴィン・トムキンスはこの考えを敷衍して、「タレルの作品は光に関するものでも光の記録でもなく、光そのもの、すなわち感覚的な形態で顕現した光の現前である」と述べている（Tomkins 2003）。アーティストとして彼が用いる媒体（メディア）は純粋な光であり、それゆえ彼の作品は、光の知覚や物質性に関して深い理解を与えてくれるのだ。

タレルの作品は、洗練された形式的言語と、静かで畏敬の念さえ覚えさせる雰囲気によって、鑑賞者が光と色と空間を探索できるようにする。そして意識的な心とそれによるアクセスを迂回し、光の輝きの無意識への光学的、情動的効果を寿ぐのだ。

タレルはカリフォルニア州パサデナで生まれ、子どもの頃から光に魅了されていた。ポモナ・カレッジで知覚心理学者としての訓練を受け、全体野効果（ガンツフェルト）を研究していた。「ガンツフェルト」とは、ドイツ語で視野全体を意味する。雪に閉ざされた世界での極地探検家の経験や、濃霧をついて飛行するパイロットの経験はそれによって説明される。視界内にある、ありとあらゆるものの色と明るさが一様であると、私たちの視覚システムはシャットダウンするのだ。白と黒は同じになり無と同然になる。長期にわたってその状態が続くと、私たちは幻覚を経験する可能性が高まる。独房に閉じ込められた囚人も、この現象を経験することがある。

ＮＡＳＡに協力していたタレルは、一八世紀にバークリーによって提唱された、「私たちが直面している視覚的なリアリティは、自分自身が作り出したリアリティであり、私たちの知覚的、文化的な境界の内部にある」という考えを強調する。タレルは自身の作品について次のように語っている。「私の作品には、物体もイメージも焦点もない。では、物体もイメージも焦点もないのに、あなたは何を見ているのか？　あなたは、見ているあなたを見ているのだ。私にとって重要なのは、言葉のない思考という経験を生むことである」(http://jamesturrell.com/about/introduction/)

図11・5　ジェームズ・タレル（1942-）

一九六六年以来、タレルは空間に対する私たちの知覚を変えるべく、光を操作するさまざまな方法を探求してきた。『アフラムⅠ（白）(*Afrum I (White)*)』（図11・6）では、私たちは固体、具体的に言えば部屋の隅に浮かんだ柔和に輝く立方体を知覚する。だが、近くから立方体をよく見ると、それは単純な光の面であることがわかる。

それに対し『タイトエンド（*Tight End*）』（図11・7）では、長方形の光の領域は、画廊全体に柔和な輝きを放っている。タレルのすべての

図11・6　ジェームズ・タレル『アフラムＩ（白）』（1967、光の投射、寸法は可変）

図11・7　ジェームズ・タレル『タイトエンド』（2005）

作品に言えることだが、このような驚嘆すべき光の効果を生み出すために使われている器具は見えない。そのため私たちは、自分の見たもの、経験したことを解釈するために自分自身の知覚に頼るよう強いられるのだ。

第12章　具象芸術への還元主義の影響

具象芸術は決して完全に消滅したわけではない。しかし、二〇世紀中盤に抽象表現主義が隆盛を極める頃までには、アメリカでは、肖像画は進歩的な芸術の形態としては終わったと誰もが考えているかのような様相を呈していた。ウィレム・デ・クーニングは一九六〇年に、「人間のイメージなどといったものを絵にするのは愚かな所業である」と述べ、明らかにそのような見解を表明していた。『タイム』誌は一九六八年に、「ある意味で現代美術は、具象画を殺した」という画家アルフレッド・レスリーの言葉を引用している。またアーティストのチャック・クローズは、「当時もっとも愚かで生気のない時代遅れの所業を行なうとすれば、それは肖像画を描くことだった」と回顧している。

しかし一九五〇年代には、驚くべき潮流が芽吹き始めた。アレックス・カッツ、アリス・ニール、フェアフィールド・ポーターらに率いられた何人かのアーティストが、抽象芸術から得た、活力溢れる身ぶり、激しさ、還元主義などといった知見に基づく新たな展望のもとで、特に意図して具象芸術や肖像画を制作し始めたのである（Fortune et al. 2014）。すでに見たように、アートにおけるフォルムの解体は、暗黙的にはJ・M・W・ターナーやクロード・モネに始まり、ニューヨーク派の抽象画家とともに明示的になった。そしてニューヨーク派の抽象画家たちは三つの新たな流れに影響を及ぼしたが、いずれの流派も解体に重点を置いていた。

還元主義者の具象芸術への回帰という第一の流れは、ニューヨーク派と親しく、単色の背景を用いて解体されたシンプルな肖像画を描くという技法をあみ出したカッツらによって開拓された。カッツの作品は、第二の流れであるポップアートを予兆し、とりわけロイ・リキテンスタイン、ジャスパー・ジョーンズ、アンディ・ウォーホルに大きな影響を及ぼした。また第二の流れに属するウォーホルは、解体し統合するという第三の流れを生み出したクローズに影響を及ぼした（これらのアーティストの詳細に関しては、Fortune et al. 2014 を参照されたい）。

次に順を追って各流派を取り上げよう。

カッツと具象への回帰

アレックス・カッツ（図12・1）は、一九二七年にニューヨーク市のブルックリン区で生まれ、ニューヨークのクーパー・ユニオン、ならびにメーン州スカウヒーガンにあるスカウヒーガン絵画彫刻学校で学んでいる。ジャクソン・ポロックやデ・クーニングがアートの世界を支配していた時代に成年に達し、抽象表現主義の影響を受けた。ニューヨークの狭いアートの世界で、アーティストとたちは親交を深めていたが、カッツもその例外ではなかった。「シダーストリートタバーン」や「ザ・クラブ」などのレストランやバーに通い、そこで他のアーティストや作家とアイデアを交換し合っていたのだ。彼は抽象表現主義のスケールと革新性に触発され、色の重さを伝達するロスコの表現力に大きな影響を受けていたが、駆け出しの頃から表現的なイメージに焦点を置こうと決意していた。そしてとりわけ、還元主義的な抽象芸術の技法と、肖像画によって思考する方法の融合に関心を抱いていた。カッツの大胆な色づかいと様式化された人間の描写は、ポップアートの出現を予兆していた（Halperin 2012）。

カッツは、新たな還元主義的コンセプトを具象芸術に導入した。彼の絵は平坦な背景を持ち、慣例的な遠近感を欠いている。加えて彼は、ナラティブより絵画的価値を重視し、次のように主張する。「私は、それが何を意味するかより、スタイルや外観に大きな関心を持っている。内容の代わりにスタイルを持ってくるか、スタイルを内容にするかしたい。（…）実のところ、意味と内容を空にしたいと考えている」（Strand 1984）

図12・1　アレックス・カッツ（1927-）
Art ©Alex Kats / Licensed by VAGA, New York, NY. Photo copyright 1996 Vivien Bittencourt

カッツの絵の還元主義的傾向は、さらに単純さと鮮やかな色彩によって特徴づけられる。なお、これらの特徴はのちにポップアーティストの手でさらなる発展を遂げている。カッツの肖像画は鑑賞者の目を引き、具象と抽象の対話を喚起する。そして平坦で抑制されたミニマリズムの表現様式を持つ抽象表現主義から、壮大なスケール、厳格なコンポジション、ドラマティックな照明などといった特徴を受け継いだ。彼の肖像画の、平坦で切り詰められた顔の描写は商業アートに結びつき、具象芸術の再興に貢献した（図12・2、図12・3）。ちなみにカッツの妻のアダが描かれた絵は二五〇点にのぼる。

カッツが描いた多数の重要な肖像画のなかでも、とりわけ関心を集めてきたのは、伝説的な女性ファッションの旗頭で、長く『ヴォーグ』誌の編集者を務めていたアナ・ウィンターの肖像画である。ウィンターは色彩に対する愛情と、トレードマークの黒いサングラスで知られているが、カッツはその黒いサングラスを描かず、黄色い背景と柔らかい光のもとで彼女を描いている（図12・

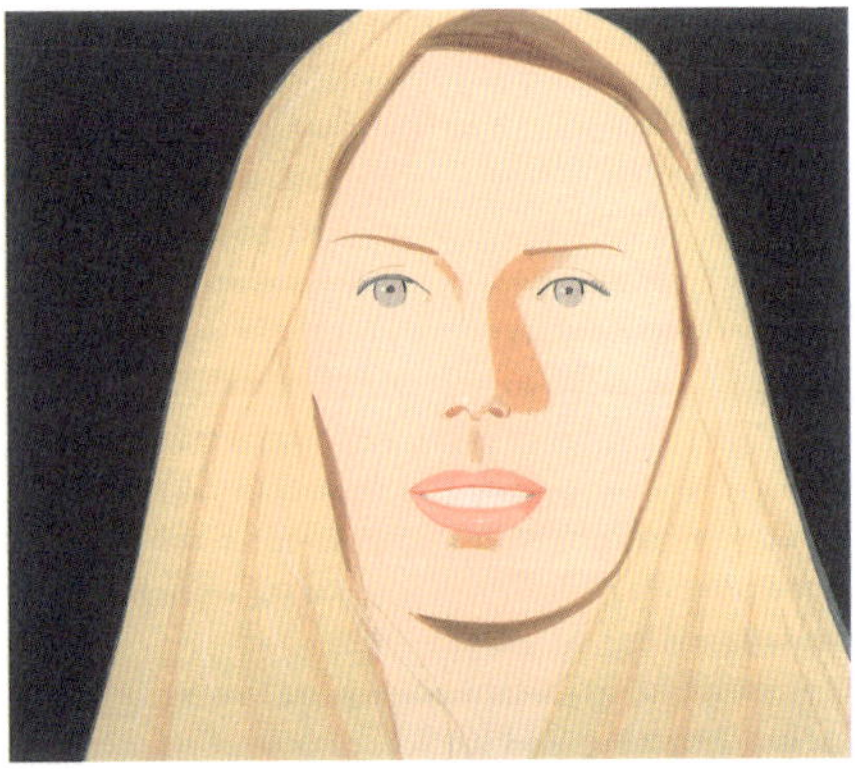

図12・2　アレックス・カッツ『サラ（*Sarah*）』（2012）

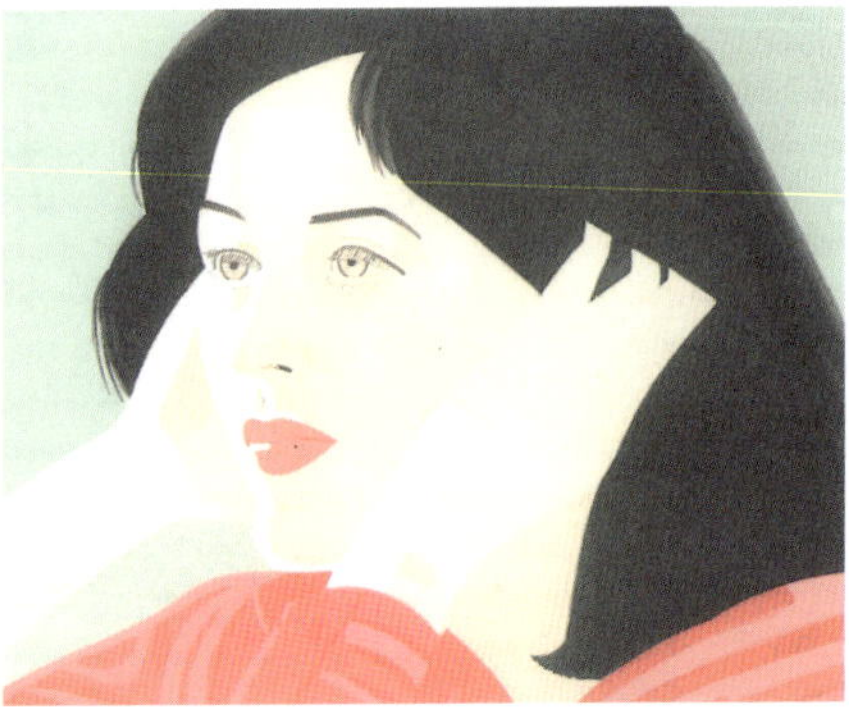

図12・3　アレックス・カッツ『ジョアン（ウォーカー 44）（*Joan (Walker 44)*）』（1986）

4）。『ロバート・ラウシェンバーグの二重肖像（*Double Portrait of Robert Rauschenberg*）』（図12・5）では、モデルを二重化することで、二人の人物のあいだのやり取りに情動的な意味を読み込もうとする衝動を喚起しないよう描かれている。特定のイメージの繰り返しは、のちにアンディ・ウォーホルらが用いている。ラウシェンバーグとウィンターの肖像画は意味と内容を欠くとカッツ自身は主張しているが、スパイズの指摘によれば、それらの平坦でピューリタン的な肖像画には、自信にあふれた冷静さとともに、エドヴァルド・ムンクの作品を思い起こさせる孤独と、エドワード・ホッパーを思わせるメランコリーを見て取ることができる（Spies 2011）。

図12・4　アレックス・カッツ『アナ・ウィンター（*Anna Wintour*）』（2009）

図12・5　アレックス・カッツ『ロバート・ラウシェンバーグの二重肖像』（1959）

ウォーホルとポップアート

図12・6　アンディ・ウォーホル（1928-1987）©Fred McDorrah / Getty Images

ポップアートは、一九五〇年代半ばにイングランドで誕生した。それからすぐにアメリカでもリキテンスタイン、ジョーンズ、ウォーホルらの作品となって登場した。この流れは、ポピュラー文化に由来するイメージを取り入れることで、伝統的な純粋芸術に挑戦状をたたきつけた。ポップアート、とりわけウォーホルの作品は、カッツや抽象表現主義の強い影響を受けていたものの、抽象的でも、それほど還元主義的でもなかった。むしろカッツが導入した平坦さやイメージの二重化は、ウォーホルをまったく新たな方向へと導いた。

アンディ・ウォーホル（図12・6）は、ペンシルベニア州ピッツバーグで生まれ、美術の学士号を取得してカーネギー工科大学を一九四九年に卒業している。その後すぐにニューヨークに移り、ファッション雑誌のイラストレーターとして働き始める。のちに彼は商業デザインの方法を肖像画に応用し、ときに有名人の謎に満ちた肖像を制作するようになった。また手描きを試したあと、写真製版を用いた複製技術を用いるようになり、以後生涯にわたってその方法を用い続けた。

ウォーホルが描いた肖像画のもっとも顕著な特徴はおそらく、カッツに倣って同一人物（ジャクリーン・ケネディ、マリリン・モンロー、エリザベス・テイラー、マーロン・ブランドら）の複数のイメージを用い、その人物を芸術的アイコンに仕立て上げる手法であろう。同一人物のほとんど同じイメージを並べることで、ウォーホルはその人物の人となりやアイデンティティをつかみにくくしている。かくしていかに世に知られた人物をモデルにしても、本質的に不可知の存在として描いたのである。

ウォーホルがジャクリーン・ケネディに強い関心を抱くようになったのは、一九六三年一一月二二日に当時の大統領ジョン・F・ケネディが暗殺されたあとのことだった。一九六四年に初めて彼女のイメージを制作したときには、ウォーホルはすでにスープ缶、花、人種暴動の描画とともに、エリザベス・テイラーやマリリン・モンロー（図12・7）を描いた、シルクスクリーン〔版画の技法〕による作品を制作していた。有名人、悲劇的な死、劇的な事件、商業主義、同時代の装飾などといったテーマは、彼のアートの中心であり続け、ジャッキーの肖像画ではそれらの要素のいくつかが組み合わされている（図12・8、図12・9）。

ウォーホルはカッツ同様、繰り返しによって情動を抑えるという考えに基づいて、イメージが反復された絵や版画を制作した。これに関して彼は、「同じものを見れば見るほど、意味が剥奪され快く感じられる」と述べている（Warhol and Hackett 1980）。彼はナラティブを避け、月並みなものに焦点を絞ることで、意味の剥奪を実現することが多かった。ただしジャッキーのケースでは、彼女が体験した悲劇的なできごとをアメリカの歴史における悲劇的な瞬間に結びつけた（Fortune et al. 2014）。

図12・7 （右上）アンディ・ウォーホル『マリリン・モンロー、ピンクの蛍光（*Marilyn Monroe Pink fluorescent*）』（1967）

図12・8 （左上）アンディ・ウォーホル『赤いジャッキー（*Red Jackie*）』（1964）

図12・9 （左下）アンディ・ウォーホル『ジャッキーⅡ（Jackie II）』（1964）

クローズと統合

脳科学では、還元主義的アプローチの適用に続いて、部分を集めることで全体を説明できるか否かを確かめるために、統合や再構築の試みが行なわれることが多い。その種の統合は芸術ではまれだが、その点で際立つアーティストが一人いる。チャック・クローズだ。

クローズ（図12・10）は、一九四〇年にワシントン州モンローで生まれている。重度の失読症で、算数などいくつかの教科の成績が悪かった。幸いなことに両親もアーティストで、子どもの頃の彼の創造的な関心を鼓舞した。

クローズは一四歳のときに、展覧会でポロックの作品を見てアーティストになる決意を固めた。それから「シアトルの」ワシントン大学に入学し、そこでデ・クーニングの作品に基づく抽象芸術のスタイルを発展させ、卒業後はイェール大学でファインアートプログラムを専攻している。そしてそこで、抽象画から肖像画へと劇的にスタイルを変えた。

図12・10　チャック・クローズ（1940-）

しかし肖像画への転向には一つの問題があった。彼は相貌失認を抱えていたのだ。つまり、顔を顔として認識することはできても、それが誰の顔かを判別することができず、とりわけ顔の立体性の把握に困難を抱えていた。

相貌失認と肖像画を描くことへの願望を調停するために、

図12・11　チャック・クローズ『マギー』（1996）

図12・12　チャック・クローズ『シャーリー』（2007）

クローズは写真と絵画を結びつけた、還元と統合を基盤とする新たな形態の肖像画を開拓した。このスタイルは、のちにフォトリアリズムと呼ばれるようになる。このスタイルの肖像画は、次のようにして制作される。最初に、モデルを使って大型のポラロイド写真を撮影する。それから写真の上に透明なシートを置く。そして思い切った還元ステップで、そのシートを多数の小さな立方体（キューブ）に分割し、そのおのおのを独自の方法で装飾する。次に統合ステップで、装飾されたキューブをカンバス上に移す。こうして彼は、還元プロセスを経て複雑で豊かな細部を持つ作品を制作するという、逆説的な業績をなし遂げている。

一九六〇年には、クローズと彼のフォトリアリズムは、ニューヨークのアートの世界で広く知られるようになっていた。そしてカッツとともに、新たに登場した挑戦的な表現様式として肖像画の復活に貢献したのだ。一九七〇年には、クローズはアメリカの傑出した現役アーティストの一人と見なされるようになっていた。彼が描く肖像画の多くは、メゾチント〔版画の技法〕と、それが依拠する格子線（グリッド）によって特徴づけられる。

　クローズはこれまでの生涯を通じて、人間の顔というただ一つの対象だけを描いてきた。彼が描く顔には、自分自身、自分の子ども、友人、仲間のアーティストの顔が含まれる。どの顔も、注意深く構築された色彩豊かな正方形のグリッドによって組み立てられているため、『マギー（*Maggie*）』や『シャーリー（*Shirley*）』などの肖像画のすぐそばに立つと、肖像画のグリッドへの劇的な還元を目にするだけだが、徐々にうしろに下がっていくと無数のグリッドが顔へと統合されていく様子を見ることができる（図12・11、図12・12）。またこれらの肖像画は、「自己のアイデンティティは、高度に構築された複合体である」と考えるクローズの哲学を反映している。

IV

始まりつつある抽象芸術と科学の対話

第13章　なぜアートの還元は成功したのか？

ニューヨーク派の抽象画家たちは、私たちを取り巻く複雑な視覚世界をフォルム、線、色、光に還元することに成功した。このアプローチは、ジョットやルネサンス期のフィレンツェの画家からモネやフランスの印象派に至る西洋美術の歴史と鮮やかな対照をなす。ルネサンス後の画家は二次元のカンバスの上に三次元世界の幻影を構築しようとしたが、一九世紀中盤に写真術が登場すると、画家たちは科学に由来するいくつかの新たなアイデアを統合する新しいフォルム、すなわち抽象（非具象）芸術を生み出す必要を感じるようになった。また彼らは、自分たちの抽象的な作品と、内容を持たず、音と時間の分節化という抽象的要素を用いながら聴衆の心を強く揺さぶることのできる音楽のあいだに、類似性を見出すようになった。

アートに対する私たちの反応の生物学的基盤の探究はまだ緒に就いたばかりだが、抽象芸術が鑑賞者に豊かで活発かつ創造的な反応を引き起こす理由については、ある程度の手がかりが得られている。ただしこれらの手がかりは出発点にすぎない。また私たちは、還元主義が、なぜアートのもっとも本質的で強力な側面を引き出せるのか、さらにはなぜスピリチュアルな感覚をときに喚起するのかも知りたいところだ。

一つの理由として、抽象芸術作品は、具象的要素、色、光の還元によってすっきりしたものになる場合がある点があげられるだろう。さらに言えば、ジャクソン・ポロックのアクション・ペインティングのような、すっきりしているとは言えない抽象芸術の作品でさえ、一般に外的な知識の体系に依存してはいない。偉大な詩と同様、各作品は非常にあいまいで、外的な環境内に存在する人々や物体への参照がなく、鑑賞者の注意を作品それ自体に引きつける。その結果、鑑賞者は自分の印象、記憶、願望、感情をカンバス上に投影する結果になる。これは完全な精神分析的転移、あるいは特定の言葉の繰り返しや仏教徒の瞑想のようなものと言えるだろう。ちなみに精神分析的な転移においては、患者がセラピストを対象に、両親など自分にとって重要な人物との体験を投影する。

ピエト・モンドリアンやカラーフィールド画家の作品からも明らかなように、トップダウン情報は、抽象芸術が喚起するスピリチュアルな高揚の感覚に大きく寄与している。というのも、トップダウン処理は視覚のみならず記憶、情動、共感に関与する脳システムをも動員するからである。

抽象芸術は、ロスコが「事物の馴染みのアイデンティティ」と呼ぶものの制約から自由になって、鑑賞者がカンバスに自分の想像力を投影することを可能にする。この見方は「抽象芸術に対する私たちの反応は、具象芸術に対する反応とどう異なるのか？」「抽象芸術は鑑賞者に何を与えるのか？」という、より包括的な問いを提起する。

ボトムアップ処理とトップダウン処理は、西洋美術の歴史を通じて同程度に鑑賞者のシェア〔鑑賞者のシェアについては第3章参照〕に寄与してきたわけではない。そのことはルネサンスの絵画と抽象画を比べてみればわかる。

ルネサンス絵画は、網膜に投影された光のパターンから奥行きに関する情報を抽出するにあたり、脳のルールに準拠している。つまり、遠近法、モデリング、明暗のコントラストなどの技法を用いて、三次元の自然な世界を再構築する。これらの技法は、網膜に投影された平坦な二次元イメージからもとの三次元の物体を脳が推定できるよう進化したツールと同じものだ（この能力は生存に必須のものである）。実のところ、ジョットら西洋の初期の具象画家から印象派、野獣派、表現派の画家に至る従来の画家が、遠近法、照明、フォルムをめぐって行なった実験は、ボトムアップ処理を導く計算プロセスを直感的にとらえ直しているとも言えるだろう。ダ・ヴィンチ、ミケランジェロや他の一六世紀のマニエリスムの画家はそのような傾向に抵抗していたとはいえ、二〇世紀前半以前の西洋美術の一般的な潮流は、三次元の世界が平面に投影するイメージを再構築することにあった。

抽象画では、おのおのの構成要素は対象となる物体の視覚的な複製としてではなく、物体を概念化するための参照、あるいは手がかりとして組み込まれる。抽象画家は自分が見ている世界を描くにあたり、遠近法や、対象を全体としてとらえるような描画を除去することでボトムアップ視覚処理の多くの基本構成要素を解体するばかりか、ボトムアップ処理が依拠している前提のいくつかを無効化する。私たちは抽象画をじっくり眺めて、線分のつながりや識別可能な輪郭や物体を探そうとする。しかしマーク・ロスコ、ダン・フレイヴィン、ジェームズ・タレルらの極度に断片化された作品を対象にそれを行なおうとしても、私たちは挫折せざるをえない。

抽象芸術が鑑賞者にかくも大きな課題をつきつける理由は、それが新たなあり方でアート、ひいては世界を見る方法を教えようとしているからである。つまり抽象芸術は、私たちの脳が進化のプロセスを経て再構築できるようになったタイプのイメージとは根本的に異なるイメージを解釈するよう、私たちの視覚システムに挑戦するのだ。

オルブライトが指摘するように（私信による）、私たちがさまざまなものごとの結びつきを懸命に探そうとするのは、諸事象の認識に自らの生存がかかっているからである。具象的な手がかりが見つからないと、私たちは新たな関連づけを創り出す。哲学者のデイヴィッド・ヒュームは、それに類似する次のような見解を述べている。「心の創造的な力とは、諸感覚と経験によって与えられたもろもろの素材を組み合わせたり、置き換えたり、増やしたり、減じたりする能力以上のものではない」（Hume 1910）

美術史家のジャック・フラムは、抽象のこの側面を「真実に対する新たな要求」と呼んでいる（Flam 2014）。抽象芸術は遠近感を解体することで、ボトムアップ処理の新たなロジックを構築するよう脳に求める。モンドリアンの作品は、脳が持つ、線分や向きに基づいて物体を処理する初期のステップと色の処理に強く依拠している。しかしこれらのボトムアップ処理は、広範かつ創造的なトップダウン処理によって変更を受けるか、完全に取って代わられる可能性が高い。

風景画、肖像画、静物画などの具象画は、特定のカテゴリーのイメージに反応する脳領域を活性化する。現在では、脳画像法を用いた脳機能の研究によって、抽象芸術はそのような特化した脳領域を活性化するのではなく、あらゆる形態の芸術に反応する脳領域を活性化することが示されている（Kawabata and Zeki 2004）。私たちは、除外によって抽象芸術を見るのだとも言えよう。つまり私たちは、自分の見ているものがいかなるカテゴリーにも属さないことが無意識的にわかるらしい（Aviv 2014）。ある意味で、抽象芸術が知覚にもたらす効果の一つは、それほど馴染みのないもの、あるいは場合によってはまったく馴染みのないものに鑑賞者をさらすことにある。

広い意味では、抽象芸術に対する鑑賞者の反応は、三つの主要な知覚プロセスから成ると見なしうる。絵画的内容と、脳によるイメージのスタイルの分析、イメージによって動員されるトップダウンの認知的関連づけ、イメージに対するトップダウンの情動的反応の三つである（Bhattacharya and Petsche 2002）。イメージの抽象化は、リアリティからの分離をもたらす。そしてそれによってトップダウンの自由な関連づけが促進され、鑑賞者はそれに満足を感じるのだ。視線追跡（アイトラッキング）実験によって、脳は抽象芸術を鑑賞するとき、識別可能な際立った特徴に焦点を絞るより、絵の表面全体を精査することが明らかにされている（Taylor et al. 2011）。

実のところ私たちは、壁や黒板など、ミニマリズムの絵画に非常によく似た単純な平面を日頃目にしている。現代のミニマリストの芸術家は、その種の単純な平面を創造的に組み立て、触感、色、

図13・1　フレッド・サンドバッグ（1943-2003）、ギャラリー・アンネマリー・ヴェルナ、チューリッヒ、2000

光を巧みに用いることで、鑑賞者の想像的な反応を引き出せると認識している。

この考えは、たとえばフレッド・サンドバッグ（図13・1）の作品に見出すことができる。彼は、市販のアクリル糸を壁のさまざまな箇所のあいだに張り、正方形や三角形などの単純な図形の輪郭を描いた。他のミニマリストの芸術家と同様、彼はその瞬間、つまり今ここに鑑賞者の注意を集めたかった。いかなる物体も、シンボルへの参照も提示されていない、この新たな文脈のもとで彼のイメージを見ると、壁に展示されている基本的な事実を、私たちの視覚がいかに変えてしまうかを体験することができる（図13・2）。

サンドバッグは、彼の最初の試みについて「私が最初に糸と短い針金を使って制作した彫刻は、床に横たわる長方形をした物体の輪郭をかたどっていた」。それは気ままな試みではあったが、内部のない彫刻を創造するための数多くの機会を与えてくれた。それによって、空間をまったく占めることなく、十全な物質性をもって一定の場所や嵩を主張することができたのである。図13・2の無題の彫刻は、壁際にあるので立体的に見えるが、この平坦な三角形を床の上にポツンと置けたとしても同じ効果が得られるだろう。鑑賞者は、上方に向かって伸びる側面があるかのように感じるはずだ。これらの芸術作品の驚異は、空間の輪郭を描く縁（糸）にそれほど注意を向けず、むしろそれに内包される嵩に注目するよう鑑賞者を仕向けることにある。

空虚と嵩、非物質と固体の相互作用を探究することで、サンドバッグは幻影と事実が不可分に関連し合っていると悟るようになった。彼は急進的（ラディカル）な還元主義者の態度で、「事実と幻影は等しい」と断言する。

創造的な鑑賞者

モンドリアン、ロスコ、モーリス・ルイスらの抽象画家は、視覚が精巧な心的プロセスであることを直感的に理解し、鑑賞者の注意や知覚のさまざまな側面を動員する方法を広範に実験していた。モンドリアンとロスコは、フォルムと色を蒸留し、そうすることで心理的に新鮮なあり方でアートに対する注意を呼び覚ました。ポロックが指摘するように、抽象は、あたかも無意識の心の内部に存在するかのように、本質、時間、空間とは独立してカンバスや紙片などの平面上にアートを繰り広げられることを示す手段になる。

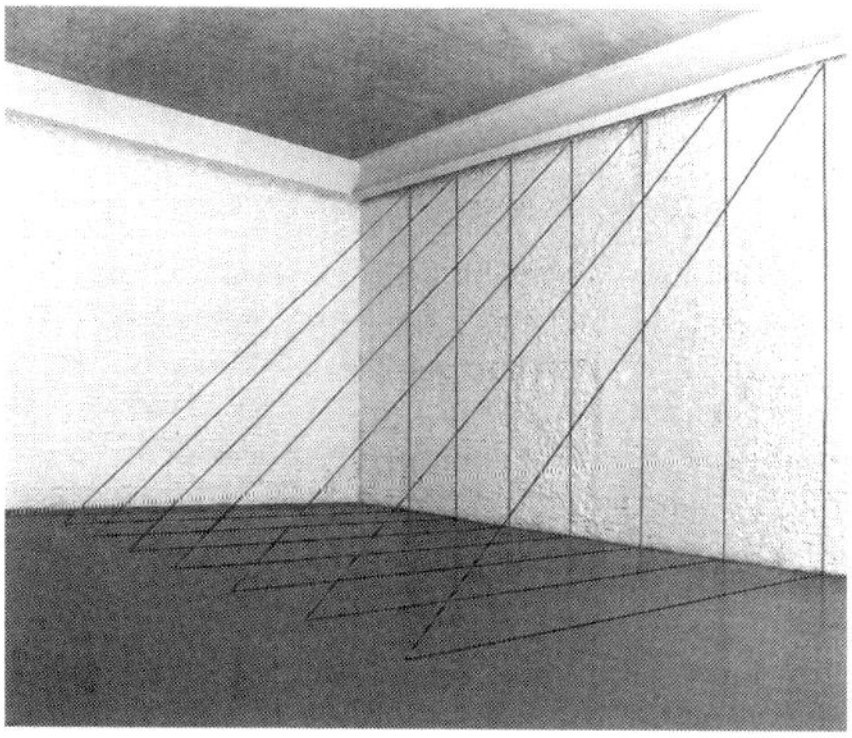

図13・2　フレッド・サンドバッグ『無題（*Untitled*）』（彫塑的研究、七つの直角三角形、1982/2010）。黒いアクリル糸。状況：アーティストによって確立された空間的関係。全体の寸法は展示ごとに変化する。

　この新たな見方は、アーティストが眼前の世界を描く方法を永久に変えた。さらには、私たちがイメージを理解するあり方も変えた。つぎはぎの色や光、さまざまな方向へ伸びる線などを手がかりにして自由連想を行なうことで、イメージをとらえるようになったのである。かくして抽象芸術やそれ以前のキュビズムは、美術史を通してもっとも劇的な挑戦を鑑賞者の知覚に提示したと言えるだろう。それらのアートは、二次的な思考プロセス、つまり論理的で時間と空間の協調を必要とする意識的な自我（エゴ）の言語の代わりに、一次的な思考プロセス、つまりさまざまな物体や観念のあいだに結びつきをごく自然に形成し、時間も空間も必要としない無意識の言語を代替するよう鑑賞者に求める。抽象は、芸術鑑賞の際に私たちが用いている、知覚に関する習慣や、アートに何を見出せるかに対する期待を変容するのだ。

その結果視覚芸術は、もはや脳による視覚情報のボトムアップ処理には符合しなくなった。キュビズムのような抽象芸術は、美術評論家のカール・アインシュタインが「視覚の怠惰、疲労（見ることは再び、積極的なプロセスになった）」と呼ぶものに終止符を打った（Einstein 1926; cited in Haxthausen 2011）。

芸術の鑑賞者が受動的な受け手ではなく、独自の創造性を持つ参加者であることを正しく認識していたエルンスト・クリスとエイブラハム・カプランは、「無意識の心的プロセスは創造性に重要な貢献をしている」という考えを初めて提起した（Kris and Kaplan 1952）。創造性は意識的な自己と無意識的な自己のあいだの障壁を取り払い、それら二つが比較的自由でありながらもコントロールされたあり方で交換し合うことを可能にする。彼らは、無意識的思考へのこのコントロールされたアクセスを「エゴに奉仕する退行」と呼んでいる。芸術作品を鑑賞することで創造的な経験が得られるので、アーティストとともに鑑賞者も、この無意識とのコントロールされた交換を経験することができるのである。

創造性とデフォルトネットワーク――抽象芸術

私たちの想像力に訴えかける抽象画は脳のトップダウン処理メカニズムを始動するが、具象画は脳のデフォルトネットワーク〔デフォルトモードネットワークとも呼ばれる〕に働きかける。二〇〇一年にマーカス・ライクルによって発見されたデフォルトネットワークは、記憶に関与する内側側頭葉、感覚情報の評価を司る後帯状皮質、そして他者の心、願望、目的と自己の心を区別する、心の理論に関わる前頭前皮質内側部という、おもに三つの脳領域から成る。

デフォルトネットワークは、私たちが休息しているときに活性化するが、世界と関わっているあいだは抑制される。たとえば、白昼夢を見ているとき、記憶を想起しているとき、音楽に聴き入っているときに作動し、現実的な課題からは独立した内省に関与するので、クリスらの自我心理学者が「心の前意識的プロセス」と呼ぶものを構成する。このプロセスは、意識的思考と無意識的思考のあいだに介在する。意識へアクセスできるが、意識内にじかに存在するわけではない。ごく最近になって、デフォルトネットワークは、前意識的な思考に強く依存すると考えられる、刺激とは独立した思考や心的活動に関連づけられるようになった。

最近の研究によれば、デフォルトネットワークは高度な審美的体験を享受しているあいだにもっとも強く活性化する。エドワード・ヴェセル、ナヴァ・ルービン、ガブリエラ・スターは、何点かの絵画の評価における個人差の行動分析と機能的脳画像法を組み合わせることで、この事実を発見した。彼らはこの実験で、さまざまな脳領域の活動を検知できる脳スキャナーに寝かせた被験者に四点の絵を見せ、1（まったく魅力がない）から4（非常に魅力的）の四段階で評価するよう求めた。ヴェセルらの発見によれば、デフォルトネットワークは、被験者がもっとも強い反応を示したとき、すなわち4の評価を下した場合にのみ活性化し、1、2、3の評価を下したケースでは決して活性化しなかった。

この興味深い発見は次のことを示唆する。デフォルトネットワークの活動が自己の感覚に関連することに鑑みれば、芸術作品に対するその活性化によって、絵の知覚が、おそらくは自己に関連する心的プロセスに影響を及ぼすか統合されるかして、その種の心的プロセスと相互作用し合えるようになる（Vessel et al. 2012; Starr 2014）。このような見方は、アートに対する個人の嗜好が、自己アイデンティティの感覚と結びついているという考えとも符合する。

抽象芸術と心理的距離に関する解釈レベル理論

抽象芸術のトップダウン処理に動員される認知ロジックは、アートの知覚に限定されるわけではなく、他の文脈でも用いられる、より一般的なロジックを代表するものなのかもしれない。この認知ロジックの一般的な形態は、解釈レベル理論にはっきりと見て取ることができる。解釈レベル理論とは、具体的な思考に対する抽象的な思考の程度を測り、それら二つを心理的な距離や自己への影響に基づいて識別する心理学的な概念である（Trope and Liberman 2010）。解釈レベル理論が示唆するところによれば、思考様式は柔軟であり、状況、とりわけ心理的距離の相違によって変化しうる。実験研究によって、今ここで相対している人や、使っているモノのイメージのように、心理的に自分に近いものは具体的な何かとして見られ、今ここに存在していないものはより疎遠な何かとして見られるということが示されている。実のところ、この疎遠な何かは私たちの創造性を強化する。これこそまさに、トップダウン処理で起こることなのだ。

このようにして、美は見る人の目だけでなく、脳の前意識的な創造プロセスのなかにも存在する。したがって抽象芸術が一定の鑑賞者に与える深いスピリチュアルな感覚が、一部はデフォルトネットワークの活性化（解釈レベル理論によれば、「今ここ」に対して相応の距離をとることが要件となる活性化）に由来するのか否かを検証することには大きな意義があろう。

ニューヨークの美術評論家ナンシー・プリンセントホールは抽象芸術について次のように述べている。

> 抽象的であるとは、物質世界からある程度距離をとることである。それは局地的な高揚の一形態だが、それと同時にときに見当識の喪失、さらには混乱の一形態でもある。もっとも影響力の

あるアートは（それは実質的な内容を欠いたアートになるのだろうが）、そのような状態をおそらくはもっとも強く引き起こす力を備えているのだろう。（Princenthal 2015）

第14章　二つの文化に戻る

進化生物学者のE・O・ウィルソンは、C・P・スノーの言う二つの文化、すなわち科学と人文学のあいだに横たわる溝を、かつて物理学と化学のあいだや、それら二分野と生物学のあいだで起こったものに類似する一連の対話を通して埋めることを思い描いている（Wilson 1977）。

一九三〇年代、ライナス・ポーリングは、量子力学の物理的原理によって化学反応における原子の振る舞いを説明できることを示した。化学と生物学はポーリングの業績にも刺激されて、ジェームズ・ワトソンとフランシス・クリックによるDNAの分子構造の解明をもって、一九五三年に融合し始めた。この発見によって強化された分子生物学は、それまではそれぞれ別個の分野を構成していた生物化学、遺伝学、免疫学、発達に関する科学、細胞生物学、がん生物学、より最近では分子神経生物学をみごとな方法で統合した。この統合は他の科学分野の先例になったし、脳科学と芸術の統合の先例になるかもしれない。

対立と解決のプロセスを通して、知識は獲得され、科学は進歩すると、ウィルソンは主張する。どんな親分野にも、その方法と主張に挑戦する対抗分野が存在する（Wilson 1977; Kandel 1979）。一般に親分野は、子分野に比べ範囲が広く、その内容は深い。そして、やがて対抗分野を統合し、そこから利益を引き出す。これは発展する関係であり、芸術と脳科学のあいだにもそれを見出すことができる。この場合、芸術と美術史を親分野と、脳科学を対抗分野と見なすことができる。

この対話は、新たな心の科学とアートの知覚の探究のように二つの分野が自然に結びついている場合や、対話の目的が限定され、それに関わるすべての分野がそこから利益を得られる場合には、うまくいく可能性が高まる。そのような対話は、かつてのヨーロッパで世にあまねく知られていたサロンの現代版たる、大学の学際的研究センターで行なわれている。ドイツのマックス・プランク学術振興協会は、アートと科学に関する研究所を新たに設けており、アメリカのいくつかの大学も同様の研究所を設置している。新たな心の科学と美学の統合が近い将来実現するとは考えにくいが、抽象芸術を含むアートの諸側面に関心を抱く人々と、知覚や情動の科学に関心を抱く人々のあいだで対話が行なわれるようになってきた。これらの対話の蓄積はやがて効果を生むだろう。

このような対話によって新たな心の科学が恩恵を受けることは明らかだ。新たな心の科学の展望の一つは、脳の生物学を人文諸学に結びつけることであり、その目的の一つは、脳がいかに芸術作品に反応するのか、そして無意識的な、あるいは意識的な知覚、情動、共感がどのように処理されるのかを理解することにある。だがアーティストは、この対話からいかなる恩恵を受けられるのだろうか？

一五世紀から一六世紀にかけて実験科学が誕生して以来、アーティストは科学に多大な関心を寄せてきた。その格好の例として、フィリッポ・ブルネレスキ、マサッチオ、レオナルド・ダ・ヴィンチ、アルブレヒト・デューラー、ピーテル・ブリューゲル、さらにはシェーンベルクの抽象画、リチャード・セラやダミアン・ハーストの作品があげられる。ダ・ヴィンチが人体の解剖学的知識を用いて、より正確な人間のフォルムを、強い説得力をもって描いたのと同様、現代のアーティストは、知覚、情動、共感反応に関する最新の生物学の知見を動員して、新たなアートの形態や創造的な表現を生み出すことができるだろう。

事実、ジャクソン・ポロック、ウィレム・デ・クーニング、さらにはルネ・マグリットらシュールレアリストを含め、心の非理性的な働きに関心を抱く何人かのアーティストは、内省に依拠して自分の心の内部で何が起こっているのかを推測することで、すでにそれを試みている。とはいえ、内省は役に立つし必要でもあるが、脳やその働き、あるいは外界の知覚に関して詳細な理解をもたらしてくれるわけではない。今日のアーティストは、私たちの心のさまざまな機能に関する知見に基づいて、従来的な内省の方法を強化することができる。

スノーが二つの文化について最初に言及した一九五九年以来、科学と芸術（抽象芸術を含む）は、相互に関係し合い高め合うことができるということがわかってきた。科学と芸術のおのおのが独自の視点を提供して、人間の本質に関する根本的な問いの解明を促すことができる。そして、それを達成するための手段として、科学もアートも還元主義を適用することができる。結論を言うと、新たな心の科学は、知性や文化の歴史において新たな次元を開くことのできる、脳科学と芸術のあいだの対話を今や実現しようとしているのだ。

訳者あとがき

本書は *Reductionism in Art and Science: Bridging the Two Cultures*（Columbia University Press, 2016）の全訳である。著者のエリック・R・カンデルは、脳科学関連のポピュラーサイエンス書に親しんでいる読者であれば、少なくとも名前はよくご存知のことであろう。とはいえ本書はアートファンも手に取ることが予想されるので、簡単に彼の経歴を紹介しておこう。カンデルは戦前のウィーンでユダヤ系の家庭に生まれているが、一〇歳のときにアメリカに移住している。その後ハーバード大学に進学し、アメリカで脳科学研究に従事するようになる。とりわけ記憶の研究で知られ、本書でも「第4章　学習と記憶の生物学」で、アメフラシを用いた記憶の研究で得られた知見がかなり詳しく取り上げられている。ちなみに彼はこの業績により、二〇〇〇年にノーベル生理学・医学賞を受賞している。アートと脳に関する本のなかで、いきなりアメフラシの実験の話が登場するのを訝しく思う読者もいるかもしれないが、そのような経緯があることに留意されたい。彼の記憶の研究については、残念ながら訳者は未読であるが、『*In Search of Memory: The Emergence of a New Science of Mind*』(W.W. Norton & Company, 2007) に詳しく書かれているようである。

ちなみに記憶を含めた脳神経科学の知見を芸術の受容の理解に適用するという本書のテーマは、前著『芸術・無意識・脳——精神の深淵へ：世紀末ウィーンから現代まで』(須田年生、須田ゆり訳、九夏社、二〇一七年) でも展開されている。こちらは、原書の『*The Age of Insight : The Quest to Understand the Unconscious in Art, Mind and Brain, from Vienna 1900 to Present*』(Random House, 2012) が刊行されたときにさっそく購入して読んでみたが、六〇〇頁を超える大著でもあり、また、取り上げられている画家が、グスタフ・クリムト、エゴン・シーレ、オスカー・ココシュカという、主流の画家とは言いがたい三人におおむね焦点が置かれていることもあって (クリムトは、その独特の表現様式から相応の人気があるとしても)、一般読者が気軽に読めるたぐいの本ではないという印象を受けた。それに対し本書は、原書で本文が二〇〇頁もなく（しかも図版が多いため文章量はそれよりはるかに少ない）、また、取り上げられているのは、印象派からニューヨーク派の画家、さらには現在でも活躍しているアーティストに至るまできわめて多彩である。また前著同様、絵画作品のカラー図版がふんだんに挿入されている。それゆえ脳科学にそれほど関心がなくても、とりわけ現代アートに関心のある読者なら審美的、美学的観点のみならず、いつもとは異なる脳科学の視点から芸術の受容の問題について考えることができるという点からも、新鮮な感覚を持ちつつ興味深く読み進められるはずである。もちろん、芸術の受容に関するカンデルの見解は、脳科学の知見のみに依拠しているわけではなく、アロイス・リーグル、エルンスト・ゴンブリッチ、クレメント・グリーンバーグらの美学者や美術評論家、エルンスト・クリスらの精神分析家、さらにはジョージ・バークリーやジョン・ロックなどの哲学者たちの考えにも依拠しており、きわめて幅広く領域横断的にとらえられている。つけ加えておくと、本書の原書は二〇一六年に刊行されており、現時点ですでに、カンデルの最新刊ではない。最新刊は二〇一八年に刊行された『*The Disordered Mind: What Unusual Brains Tell Us About Ourselves*』（Farrar, Straus and Giroux,

2018）だが、こちらは前二作とは異なり、基本的にアートとは無関係である。

ところで「領域横断的」という点に関して重要な指摘をしておくと、原書の副題に「Bridging the Two Cultures」とあるように、本書の大きな狙いは、二つの文化のギャップを埋めることにある。ここで言う二つの文化とは、「世界の物理的な本質に関心を抱く科学の文化」と、「人間の経験の本質に関心を抱く、文学や芸術をはじめとする人文文化」を指す。「はじめに」と「第14章　二つの文化に戻る」という冒頭と掉尾を飾る二つの章では、C・P・スノーの見解を取り上げつつ、これら二つの文化の橋渡しをすることの重要性が強調されている。端的に言えば、本書は前著とともに、芸術という人文文化に属する一つの分野を、科学の一分野たる大脳生理学の観点から見ることで両文化の橋渡しを試みる本だと言える。のみならず、その逆に芸術の観点から脳科学を見る可能性も論じられ、画家が行なっている視覚的な実験が、科学の知見の発展に役立つことも示唆されている。たとえば、ノーベル賞に輝いた記憶研究で用いた海のカタツムリ、アメフラシ（sea snail）に言及して、「実のところ、還元主義的分析にカタツムリが有用であることは、すでにアンリ・マティスによって示されていた（六四―六五頁）」と述べられている。もう一つ例をあげると、「脳科学者は現在、クリムトとデ・クーニングが絵に描いた性と攻撃性の融合を探究しているところだ（二一一頁）」などといった記述は、それらの脳科学者が、実際にクリムトやデ・クーニングの絵を見て研究に着手したのではなかったとしても、絵画から脳研究のヒントが得られる可能性を指摘していると見ることができる。何しろ著者の最終的な結論は、「科学と芸術のおのおのが独自の視点を提供して、人間の本質に関する根本的な問いの解明を促すことができる（二〇五頁）」というものなのだから。

このように本書は、科学から見た芸術、そして芸術から見た科学を論じることに主眼が置かれているが、脳について詳しく論じる章と、アートについて論じる章が比較的明確に分かれているので、アートファンが本書を読んでも、脳科学関連の詳細な情報に圧倒されることはないはずである。ちなみに脳について詳細に論じる章は、第2部「脳科学への還元主義的アプローチ」を構成する三章、ならびに「第8章　脳はいかにして抽象イメージを処理し知覚するのか」「第10章　色と脳」くらいで、それ以外の章では、以上の章で取り上げられた知見をもとにして議論がなされる部分も当然あるとはいえ、脳に関する細かな説明はほとんどない。

そう前置きしたうえで、次に、本書では脳科学の観点からアートがどのようにとらえられているかについて簡単に触れておこう。基本は非常に単純である。それは、「風景画や肖像画を始めとする具象画は、脳のボトムアッププロセスに沿って処理されることを前提として制作されているのに対し、抽象画は脳のトップダウンプロセスの介入を核に処理されることを前提としている」というものだ。もちろん脳科学の知識を持たない画家たちが、そのような前提を意識していたはずはなく、あくまでも「直感的に」という意味であることに留意されたい。もう少し説明しておくと、ボトムアッププロセスとは、網膜から入って来た視覚情報が、外側膝状体を経て一次視覚皮質（V1）、V2、V3……と徐々に高次の脳領域へと送られていく過程を指す。トップダウンプロセスはその逆であり、高次の脳領域が持つ機能が低次の脳領域に干渉する過程を指す。「ボトムアップ情報は、視覚システムの神経回路に組み込まれた、たとえば顔認識能力などの計算ロジックによって提供されるが、トップダウン情報は、期待、注意、学習された関連づけなどの認知プロセスによって提供される（一二六頁）」とあるように、ボトムアッププロセスはおもに生得的な能力に基づくのに対して、トップダウンプロセスは学習された情報に依拠し、そこに著者が本来専門としている記憶機能（と記憶を形成する学習機能）が関わってくる。そして学習や記憶機能を基盤とするトップダウンプロセスを通じて、鑑賞者の情動や想像力、あるいは創造力が喚起されるという点を、視覚システムが持つ海馬（記憶を司る脳組織）や扁桃体（情動を司る脳組織）との結合、あるいはデフォルトモードネットワークなどの脳科学の知見を動員しながら説明する。これらの点を抑えておけば、脳科学にそれほど馴染みのない読者でも、著者が提起するアートの脳科学を十分に理解できるだろう。

さて本書は文章量の少ない非常に簡潔な本なので、これ以上訳者がつけ加えることはあまりないが、一点だけ脳神経科学の観点からアートを見ることが今後いかなる知見をもたらし得るのかについて、訳者が最近読んだ脳科学書を参考にしつつ指摘しておこう。最近の脳科学書では、身体、感覚皮質、運動皮質、外界によって構成される精緻なフィードバックを通じて、認知や情動の一種のキャリブレーションが行なわれると論じられている。ちなみにここで言う外界とは、自分が行なった随意的、もしくは不随意的な動作によって生じた環境の変化も含まれる。不随意的な動作のもっとも単純な例としては眼球によるサッケードがあげられようが、もっと複雑な身体器官の動きも含まれる。さらには、海馬のような記憶を司る脳組織は、もとは空間ナビゲーションを統御する役割を担っていたが、それが内化されることで記憶機能を担うようになったとも論じられるようになった（ジェルジ・ブザーキなど）。これらの知見を総合すると、たとえば本書にも登場するジャクソン・ポロックらの、カンバス上に身体の動きをとらえたとも見なせるアクション・ペインティングの受容の基盤も、脳科学で説明できる部分がかなりあるように思えてくる。もちろんこれは脳の専門家などではない訳者の勝手な想像にすぎないのではあるが、今後もさらに、脳科学を適用することでアートの受容に関してさまざまなことがわかってくると期待できるのではないだろうか。その証拠に、「人間の経験の本質に関心を抱く、文学や芸術をはじめとする人文文化」に属するさまざまな事象が、脳科学や進化論の観点から、一定の範囲内で説明されるようになりつつある。たとえば拙訳では、脳科学の観点から犯罪や法のあり方を分析したエイドリアン・レイン著『暴力の解剖学――神経犯罪学への招待』（紀伊國屋書店、二〇一五年）や、部分的にではあるが進化論の観点から道徳や政治を論じたジョナサン・ハイト著『社会はなぜ左と右にわかれるのか――対立を超えるための道徳心理学』（紀伊國屋書店、二〇一四年）、そして脳科学と現象学の両方の観点から意識の問題にアプローチしたゲオルク・ノルトフ著『脳はいかに意識をつくるのか――脳の異常から心の謎に迫る』（白揚社、二〇一六年）があげられる。また拙訳以外では、やや恣意的になるが個人的に最近読んで感銘を受けた本をあげておくと、神経科学の観点から創造性という能力に切り込んだレナード・ムロディナウ著『柔軟的思考――困難を乗り越える独創的な脳』（水谷淳訳、河出書房新社、二〇一九年）や、エルコノン・ゴールドバーグ著『*Creativity: The Human Brain in the Age of Innovation*』（Oxford University Press, 2018）などが思い浮かぶ。このような流れを見るにつけても、アートの受容を脳科学の知見によって分析する本が刊行されるのはむしろ必然と言えるかもしれない。なお、個人的に読んだことがある類書（和書）としては、川畑秀明著『脳は美をどう感じるか――アートの脳科学』（ちくま新書、二〇一二年）があげられる。なお川畑氏の論文

「Neural Correlates of Beauty」は、本書（一九五頁）でも言及されている。

いずれにせよ本書は、脳科学関連のポピュラーサイエンス書の読者にも、アート関連の本の読者にも等しく楽しめるはずである。最後に、青土社の担当編集者、加藤峻氏に感謝の言葉を述べたい。

二〇一九年五月

高橋　洋

なぜ脳はアートがわかるのか
現代美術史から学ぶ脳科学入門

2019年7月 8 日 第1刷発行
2025年4月15日 第6刷発行

著者——エリック・R・カンデル
訳者——高橋 洋

発行者——清水一人
発行所——青土社

〒101-0051 東京都千代田区神田神保町1-29 市瀬ビル
［電話］03-3291-9831（編集）03-3294-7829（営業）
［振替］00190-7-192955

組版——フレックスアート
印刷・製本——シナノ印刷

装幀——大倉真一郎
装画—— *Composition No.IV*, Piet Mondrian, 1914

ISBN978-4-7917-7175-2 C0040
Printed in Japan

[著者] エリック・R・カンデル（Eric R. Kandel）

1929年ウィーン生まれ。米コロンビア大学教授。現代を代表する脳神経科学者。記憶の神経メカニズムに関する研究により、2000年ノーベル医学生理学賞を受賞。邦訳された著書に『記憶のしくみ』（講談社ブルーバックス）、『カンデル神経科学』（メディカル・サイエンス・インターナショナル）、『芸術・無意識・脳』（九夏社）などがある。

[訳者] 高橋 洋（たかはし・ひろし）

1960年生まれ。同志社大学文学部文化学科卒業（哲学及び倫理学専攻）。ＩＴ企業勤務を経て翻訳家。A・フランク『地球外生命と人類の未来』、R・ダン『世界からバナナがなくなるまえに』（以上、青土社）、E・メイヤー『腸と脳』、S・B・キャロル『セレンゲティ・ルール』（以上、紀伊國屋書店）、A・ダマシオ『進化の意外な順序』（白揚社）など科学系の翻訳書多数。

人名索引

あ行

か行

さ行

た行

な行

は行

ま行

ら行

わ行

参考文献

Adelson, E. H. 1993. "Perceptual Organization and the Judgment of Brightness." *Sience* 262:2042–2043.

Albright, T. 2012. "TNS: Perception and the Beholder's Share." Discussion with Roger Bingham. The Science Network. http://thesciencenetwork.org/.

———. 2012. "On the Perception of Probable Things: Neural Substrate of Associative Memory, Imagery, and Perception." *Neuron* 74:227–245.

———. 2013. "High-Level Visual Processing: Cognitive Influences." In *Principles of Neural Science*, 621–653. New York: McGraw-Hill.

———.2015. "Perceiving." *Daedalus* 144 (1) (winter 2015):22–41.

Antli, M., and P. Leighten. 2001. "Philosophies of Space and Time." In *Cubism and Culture*, 64–110. New York: Thames & Hudson.

Ashton, D. 1983. *About Rothko*. New York: Oxford University Press.

Aviv, V. 2014. "What Does the Brain Tell Us About Abstract Art?" Frontiers in *Human Neuroscience* 8:85.

Bailey, C. H., and M. C. Chen. 1983. "Morphological Basis of Long-Term Habituation and Sensitization in *Aplysia*." *Science* 220:91–93.

Barnes, S. 1989. *The Rothko Chapel: An Act of Faith*. Houston: Menil Foundation.

Bartsch, D., M. Ghirardi, P. A. Skehel, K. A. Karl, S. P. Herder, M. Chen, C. H. Bailey, and E. R. Kandel. 1995. "*Aplysia* CREB2 Represses Long-Term Facilitation: Relief of Repression Converts Transient Facilitation Into Long-Term Functional and Structural Change." *Cell* 83:979–992.

Bartsch, D., A. Casadio, K. A. Karl, P. Serodio, and E. R. Kandel.1998. "CREB1 Encodes a Nuclear Activator, a Repressor, and a Cytoplasmic Modulator That Form a Regulatory Unit Critical for Long-Term Facilitation." *Cell* 95:211–223.

Baxandall, M. 1910. "Fixation and Distraction: The Nail in Braque's Violin and Pitcher." In *Sight and Insight*, 399 –415. London: Phaidon Press.

Berenson, B. 2009. "The Florentine Painters of the Renaissance: With an Index to

Their Works." 1909; reprint, Ithaca, N.Y.: Cornell University Library.

Berger, J. 1993. *The Success and Failure of Picasso*. 1965; reprint, New York: Vintage International.

Berggruen, O. 2003. "Resonance and Depth in Matisse's Paper Cut-Outs." In *Henri Matisse: Drawing with Scissors--Masterpieces from the Late Years*, ed. O. Berggruen and M. Hollein, 103–127. Munich: Prestel.

Berkeley, G. 1975. "An Essay Towards a New Theory of Vision." In *Philosophical Works, Including the Works on Vision*. New York: Rowman and Littlefield. Originally published in George Berkeley, *An Essay Towards a New Theory of Vision* (Dublin: M Rhames for R Gunne, 1709) [『視覚新論』下條信輔、植村恒一郎、一ノ瀬正樹訳、勁草書房、1990年].

Bhattacharya, J., and Petsche, H. 2002. "Shadows of Artistry: Cortical Synchrony During Perception and Imagery of Visual Art." *Cognitive Brain Research* 13:179–186.

Blotkamp, C. 2004. *Mondrian: The Art of Deconstruction*. 1944; reprint, London: Reaktion Books.

Bodamer, J. 1947. "Die Prosop-Agnosie." *Archiv fur Psychiatrie und Nervenkrankheiten* 179:6–53.

Braun, E., and R. Rabinow. 2014. *Cubism: The Leonard A. Lauder Collection*. New York: Metropolitan Museum of Art.

Brenson, M. 1989. "Picasso and Braque, Brothers in Cubism." *New York Times*, September 22, 1989.

Breslin, J.E.B. 1993. *Mark Rothko: A Biography*. Chicago: University of Chicago Press [『マーク・ロスコ伝記』木下哲夫訳、ブックエンド、2019年].

Brockman, J. 1995. *The Third Culture: Beyond the Scientific Revolution*. New York: Simon and Schuster.

Buckner, R. L., and D.C. Carrol. 2007. "Self Projection and the Brain." *Trends in Cognitive Science* (2):49–57.

Cajal, S. R. 1894. "The Croonian Lecture: La fine structure des centres nerveux." *Proceedings of the Royal Society of London* 55:444–468.

Carew, T. J., R. D. Hawkins, and E. R. Kandel. 1983. "Differential Classical Conditioning of a Defensive Withdrawal Reflex in *Aplysia californica*." *Science*

219:397–400.

Carew, T. J., E. T. Walters, and E. R. Kandel. 1981. "Classical Conditioning in a Simple Withdrawal Reflex in *Aplysia californica.*" *Journal of Neuroscience* I:1426–1437.

Castellucci, V. F., T. J. Carew, and E. R. Kandel. 1978. "Cellular Analysis of Long-Term Habituation of the Gill-Withdrawal Reflex in *Aplysia californica.*" *Science* 202:1306–1308.

Chace, M. R. 2010. *Picasso in the Metropolitan Museum of Art.* New York: Metropolitan Museum of Art.

Churchland, P., and T. J. Sejnowski. 1988. "Perspectives on Cognitive Neuroscience." *Science* 242:741–745.

Cohen-Solal, A. 2015. *Mark Rothko: Toward the Light in the Chapel.* New Haven and London: Yale University Press.

Da Vinci, L. 1923. *Note-Books Arranged and Rendered Into English.* Ed. R. John and J. Don Read. New York: Empire State Book Co.

Danto, A. C. 2003. *The Abuse of Beauty: Aesthetics and the Concept of Art.* Chicago and LaSalle: Open Court.

———. 2001. "Clement Greenberg." In *The Madonna of the Future*, 66–67. Berkeley: University of California Press.

———. 2001. "Willem de Kooning." In *The Madonna of the Future*, 101. Berkeley: University of California Press.

Dash, P. K., B. Hochner, and E. R. Kandel. 1990. "Injection of cAMP-Responsive Element Into the Nucleus of Aplysia Sensory Neurons Blocks Long-Term Facilitation." *Nature* 345:718–721.

DiCarlo, J. J., D. Zoccolan, and N. C. Rust. 2012. "How Does the Brain Solve Visual Object Recognition." *Neuron* 73:415–434.

Einstein, C. 1926. *Die Kunst Des 20 Jahrhunderts.* Berlin: Propyläen Verlagn［『二十世紀の芸術』鈴木芳子訳、未知谷、2009 年］.

Elbert, T., C. Pantev, C. Wienbruch, B. Rockstroh, and E. Taub. 1995. "Increased Cortical Representation of the Fingers of the Left Hand in String Players." *Science* 270:305–307.

Fairhall, S. L., and A. Ishai. 2007. "Neural Correlates of Object Indeterminacy in

Art Compositions." *Consciousness and Cognition* 17:923–932.

Flam, J. 2014. "The Birth of Cubism: Braque's Early Landscapes and the 1908 Galerie Kahnweiler Exhibition." In *Cubism: The Leonard A. Lauder Collection*. New York: Metropolitan Museum of Art.

Fortune, B. B., W. W. Reaves, and D. C. Ward. 2014. *Face Value: Portraiture in the Age of Abstraction*. Washington, D.C.: Giles in Association with National Portrait Gallery, Smithsonian Institute.

Freedberg, D. 1989. *The Power of Images: Studies in the History and Theory of Response*. Chicago and London: University of Chicago Press.

Freeman, J., C. M. Ziemba, D. J. Heeger, E. P. Simoncelli, and J. A. Movshon. 2013. "A Functional and Perceptual Signature of the Second Visual Area in Primates." *Nature Reviews Neuroscience* 16 (7):974–981.

Freese, J. L., and D. G. Amaral. 2005. "The Organization of Projections from the Amygdala to Visual Cortical Areas TE and V1 in the Macaque Monkey." *Journal of Comparative Neurology* 486 (4):295–517.

Freud, S. 1911. "Formulation of the Two Principles of Mental Functioning. Standard Edition, Vol. 12:215–226. London: Hogarth Press, 1958).

———. 1953. "The Interpretation of Dreams." In *The Standard Edition of the Complete Psychological Works of Sigmund Freud*, ed. and trans. James Strachey, vols. IV and V. London: The Hogarth Press and the Institute for Psychoanalysis [『フロイト技法論集』藤山直樹、坂井俊之、鈴木菜実子編訳、岩崎学術出版社、2014年].

Freiwald, W. A. and D. Y. Tsao. 2010. "Functional Compartmentalization and Viewpoint Generalization Within the Macaque Face-Processing System." *Sience* 330:845–851.

Freiwald, W. A., D. Y. Tsao, and M. S. Livingstone. 2009. "A Face Feature Space in the Macaque Temporal Lobe." *Nature Neuroscience* 12:1187–1196.

Frith, C. 2007. *Making Up the Mind: How the Brain Creates Our Mental World*. Oxford: Blackwell [『心をつくる――脳が生みだす心の世界』大堀壽夫訳、岩波書店、2009年].

Galenson, D. W. 2009. *Conceptual Revolutions in Twentieth-Century Art*. Cambridge University Press.

Gilbert, C. 2013a. "Intermediate-level Visual Processing and Visual Primitives." In *Principles of Neural Science*, 5th ed., ed. E. R. Kandel et al., 602–620. New York: Random House［『カンデル神経科学』金澤一郎、宮下保司監修、岡野栄之、和田圭司、加藤総夫、入來篤史、藤田一郎、伊佐正、定藤規弘、大隅典子、笠井清登訳、メディカル・サイエンス・インターナショナル、2014 年］.

————. 2013b. "Top-down Inuences on Visual Processing." *Nature Reviews Neuroscience* 14:350 –363.

Gombrich, E. H. 1960. *Art and Illusion: A Study in the Psychology of Pictorial Representation Summary*. London: Phaidon.

————. 1982. *The Image and the Eye: Further Studies in the Psychology of Pictorial Representation*. London: Phaidon［『イメージと目』白石和也訳、玉川大学出版部、1991 年］.

————. 1984. "Reminiscences on Collaboration with Ernst Kris (1900–1957)." In *Tributes: Interpreters of Our Cultural Tradition*. Ithaca, N.Y.: Cornell University Press.

Gombrich, E. H., and E. Kris. 1938. "The Principles of Caricature." *British Journal of Medical Psychology* 17 (3–4):319–342.

————. 1940. *Caricature*. Harmondsworth: Penguin.

Gopnik, A. 1983. "High and Low: Caricature, Primitivism, and the Cubist Portrait." *Art Journal* 43 (4) (winter):371–376.

Gore, F., E. C. Schwartz, B. C. Brangers, S. Aladi, J. M. Stujenske, E. Likhtik, M. J. Russo, J. A. Gordon, C. D. Salzman, and R. Axel. 2015. "Neural Representations of Unconditioned Stimuli in Basolateral Amygdala Mediate Innate and Learned Responses." *Cell* 162:134–145.

Gray, D. 1984. "Willem de Kooning, What Do His Paintings Mean?" (thoughts based on the artist's paintings and sculpture at his Whitney Museum exhibition, December 15, 1983–February 26, 1984). http://jessieevans-dongrayart.com/essays/essay037.html.

Greenberg, C. 1948. *The Crisis of the Easel Picture*. New York: Pratt Institute.

————. 1955. "American-Type Painting." Partisan Review 22:179–196. Reprinted in *Art and Culture: Critical Essays*, 208–229 (Boston: Beacon, 1961).

———. 1961. *Art and Culture: Critical Essays*. Boston: : Beacon, 1961.

———. 1962. "After Abstract Expressionism." *Art International* 6:24–32.

Gregory, R. L. 1997. *Eye and Brain*. Princeton: Princeton University Press.

Gregory, R. L., and E. H. Gombrich. 1973. *Illusion in Nature and Art*. New York: Scribners.

Grill-Spector, K., and K. S. Weiner. 2014. "The Functional Architecture of the Ventral Temporal Cortex and Its Role in Categorization." *Nature Reviews Neuroscience* 15:536–548.

Grover, K. 2014. "From the Innite to the Infinitesimal: *The Late Turner: Painting Set Free*." *Times Literary Supplement*, October 10, 17.

Gwang-woo, K. 2014. "The Abstract of Kandinsky and Mondrian." *Beyond* 99 (December):40–44.

Halperin, J. 2012. "Alex Katz Suggests Andy Warhol May Have Ripped Him Off a Little Bit." Blouin Art Info Blogs, April 26 http://blogs.artinfo.com/artintheair/2012/04/26/alex-katz-suggests-andy-warhol-may-have-rippedhim-off-a-little-bit/.

Hawkins, R. D., T. W. Abrams, T. J. Carew, and E. R. Kandel. 1983. "A Cellular Mechanism of Classical Conditioning in *Aplysia*: Activity-Dependent Amplification of Presynaptic Facilitation." *Science* 219:400–405.

Haxthausen, C. V. 2011. "Carl Einstein, David-Henry Kahnweiler, Cubism and the Visual Brain." NONSite.org, Issue 2. http://nonsite.org/article/carleinstein-daniel-henry-kahnweiler-cubism-and-the-visual-brain.

Henderson, L.D. 1988. "X Rays and the Quest for Invisible Reality in the Art of Kupka, Duchamp, and the Cubists." *Art Journal* 47 (44)(sinter 1988):323–340.

Hinojosa, Lynne J. Walhout. 2009. *The Renaissance, English Cultural Nationalism, and Modernism, 1860–1920*. New York: Palgrave Macmillan.

Hiramatsu, C., N. Goda, and H. Komatsu. 2011. "Transformation from Image-Based to Perceptual Representation of Materials Along the Human Ventral Visual Pathway. *NeuroImage* 57:482–494.

Hughes, V. "Why Are People Seeing Different Colors In at Damn Dress?" BuzzFeed News, February 26, 2015. http://www.buzzfeed.com/virginiahughes/why-are-people-seeing-dierent-colors-in-that-damn-dress.

Hume, D. 1910. "An Enquiry Concerning Human Understanding." Harvard Classics Volume 37. Dayton, Ohio: P. F. Collier & Son. http://18th.eserver.org/hume-enquiry.html.

James, W. 1890. *The Principles of Psychology*. New York: Holt.

Kahneman, D., and A. Tversky. 1979. "Prospect Theory: An Analysis of Decision Under Risk." *Econometric Society* 47 (2):263–292.

Kallir, J. 1984. *Arnold Schoenberg's Vienna*. New York: Galerie St. Etienne/Rizzoli.

Kandel, E. R. 1979. "Psychotherapy and the Single Synapse: The Impact of Psychiatric Thought on Neurobiologic Research." *New England Journal of Medicine* 301:1028–037.

———. 2001. "The Molecular Biology of Memory Storage: A Dialogue Between Genes and Synapses." *Science* 294:1030–1038.

———. 2006. *In Search of Memory: The Emergence of a New Science of Mind*. New York: Norton.

———. 2012. *The Age of Insight: The Quest to Understand the Unconscious in Art, Mind, and Brain from Vienna 1900 to the Present*. New York: Random House［『芸術・無意識・脳——精神の深淵へ：世紀末ウィーンから現代まで』須田年生、須田ゆり訳、九夏社、2017 年］.

———. 2014. "The Cubist Challenge to the Beholder's Share." In *Cubism: The Leonard A. Lauder Collection*, ed. Emily Braun and Rebecca Rabinow. New York: Metropolitan Museum of Art.

Kandel, E. R. and S. Mack. 2003. "A Parallel Between Radical Reductionism in Science and Art." Reprinted from *The Self: From Soul to Brain. Annals of the New York Academy of Science* 1001:272–294.

Kandinsky, W. 1926. *Point and Line to Plane*. New York: The Solomon R. Guggenheim Foundation.

Kandinsky, W., M. Sadleir, and F. Golffing. 1947. *Concerning the Spiritual in Art, and Painting in Particular*. 1912; reprint, New York: Wittenborn, Schultz.

Karmel, P. 1999. *Jackson Pollock: Interviews, Articles, and Reviews*. New York: Museum of Modern Art.

———. 2002. *Jackson Pollock: Interviews, Articles, and Reviews*. Excerpt, "My Painting," Possibilities (New York) I (Winter 1947–48):78–83. Copyright The Pol-

lock-Krasner Foundation, Inc.

Karmel, P., and K. Varnedoe. 2000. *Jackson Pollock: New Approaches*. New York: Abrams.

Kawabata, H., and S. Zeki. 2004. "Neural Correlates of Beauty." *Journal of Neurophysiology* 91:1699–1705.

Kemp, R., G. Pike, P. White, and A. Musselman. 1996. "Perception and Recognition of Normal and Negative Faces: The Role of Shape from Shading and Pigmentation Cues." *Perception* 25:37–52.

Kemp, W. 2000. *Introduction to The Group Portraiture of Holland*, by Alois Riegl. Trans. E. M. Kain and D. Britt. 1902; reprint, Los Angeles: Getty Center for the History of Art and Humanities.

Kobatake, E., and K. Tanaka. 1994. "Neuronal Selectivities to Complex Object Features in the Ventral Visual Pathway of the Macaque Cerebral Cortex." *Journal of Neurophysiology* 71:856–867.

Kris, E., and A. Kaplan. 1952. "Aesthetic Ambiguity." In *Psychoanalytic Explorations in Art*, ed. E. Kris, 243–264. 1948; reprint, New York: International Universities Press [『芸術の精神分析的研究』馬場禮子訳、岩崎学術出版社、1976年].

Lacey, S., and K. Sathian. 2012. "Representation of Object Form in Vision and Touch." In *The Neural Basis of Multisensory Processes*, ed. M. M. Murray and M. T. Wallace, chapter 10. Boca Raton, Fla.: CRC Press.

Lafer-Sousa, R., and B. R. Conway. 2013. "Parallel, Multi-Stage Processing of Colors, Faces and Shapes in the Macaque Inferior Temporal Cortex." *Nature Reviews Neuroscience* 16 (12):1870–1878.

Lipsey, R. 1988. *An Art of Our Own: The Spiritual in Twentieth-Century Art.* Boston and Shaftesbury: Shambhala.

Livingstone, M. 2002. *Vision and Art: The Biology of Seeing*. New York: Abrams.

Livingstone, M., and D. Hubel. 1988. "Segregation of Form, Color, Movement, and Depth: Anatomy, Physiology, and Perception." *Science* 240 (4853) (May 6, 1988):740–749.

Loran, E. 2006. *Cezanne's Composition: Analysis of His Form with Diagrams and Photographs of His Motifs*. Berkeley: University of California Press [『セザンヌの

構図』内田園生訳、美術出版社、1972 年］.
Macknik, S. L., and S. Martinez-Conde. 2015. "How 'The Dress' Became an Illusion Unlike Any Other." *Scientific American MIND* (July/August 2015):19–21.
Marr, D. 1982. *Vision: A Computational Investigation Into the Human Representation and Processing of Visual Information*. San Francisco: W. H. Freeman［『ビジョン――視覚の計算理論と脳内表現』乾敏郎、安藤広志訳、産業図書、1987 年］.
Mayberg, H. S. 2014. "Neuroimaging and Psychiatry: The Long Road from Bench to Bedside." *The Hastings Center Report: Special Issue* 44 (S2): S31–S36.
Mechelli, A., C. J. Price, K. J. Friston, A. Ishai. 2004. "Where Bottom-up Meets Top-Down: Neuronal Interactions During Perception and Imagery." *Cerebral Cortex* 14:1256–1265.
Merzenich, M. M., E. G. Recanzone, W. M. Jenkins, T. T. Allard, and R. J. Nudo. 1988. "Cortical Representational Plasticity." In *Neurobiology of Neocortex*, ed. P. Rakic and W. Singer, 41–67. New York: Wiley.
Meulders, M. 2012. *Helmholtz: From Enlightenment to Neuroscience*. Trans. Laurence Garey. Cambridge, Mass.: MIT Press.
Mileaf, J., C. Poggi, M. Witkovsky, J. Brodie, and S. Boxer. 2012. *Shock of the News*. London: Lund Humphries.
Miller, A. J. 2001. *Einstein, Picasso: Space, Time, and the Beauty That Causes Havoc*. New York: Basic Books［『アインシュタインとピカソ――二人の天才は時間と空間をどうとらえたのか』松浦俊輔訳、ＴＢＳブリタニカ、2002 年］.
Miyashita, Y., M. Kameyam, I. Hasegawa, and T. Fukushima. 1998. "Consolidation of Visual Associative Long-Term Memory in the Temporal Cortex of Primates." *Neurobiology of Learning and Memory* 70:197–211.
Mondrian, P. 1914. "Letter to Dutch Art Critic H. Bremmer." Mentalfloss.com article 66842.
Naifeh, S., and G. Smith. 1989. *Jackson Pollock: An American Saga*. New York: Clarkson N. Potter.
Newman, B. 1948. "The Sublime Is Now." *Tiger's Eye* 1 (6) (December): 51–53.
Ohayon, S., W. A. Freiwald, and D. Y. Tsao. 2012. "What Makes a Cell Face Selective? The Importance of Contrast." *Neuron* 74:567–581.

Pessoa, L. 2010. "Emergent Processes in Cognitive-Emotional Interactions." *Dialogues in Clinical Neuroscience* 12 (4):433–448.

Piaget, J. 1969. *The Mechanisms of Perception*. Trans. M. Cook. New York: Basic Books.

Pierce, R. 2002. *Morris Louis: The Life and Art of One of America's Greatest Twentieth-Century Abstract Artists*. Rockville, Md.: Robert Pierce Productions.

Potter, J. 1985. *To a Violent Grave: An Oral Biography of Jackson Pollock*. New York: Pushcart Press.

Princenthal, N. 2015. *Agnes Martin: Her Life and Art*. New York: Thames & Hudson.

Purves, D., and R. B. Lotto. 2010. *Why We See What We Do Redux: A Wholly Empirical Theory of Vision*. Sunderland, Mass.: Sinauer Associates.

Quinn, P. C., P. D. Eimas, and S. L. Rosenkrantz. 1993. "Evidence for Representations of Perceptually Similar Natural Categories by 3-Month-Old and 4-Month-Old Infants." *Perception* 22:463–475.

Raichle, M. E., A. M. MacLeod, A. Z. Snyder, D. A. Gusnard, and G. L. Shulman. 2001. "A Default Mode of Brain Function." *Proceedings of the National Academy of Science* 98 (2):676–682.

Ramachandran, V. S. 2011. *The Tell-Tale Brain: A Neuroscientist's Quest for What Makes Us Human*. New York: Norton [『脳のなかの天使』山下篤子訳、角川書店、2013年].

Ramachandran, V. S., and W. Hirstein. 1999. "The Science of Art: A Neuro-Logical Theory of Aesthetic Experience." *Journal of Consciousness Studies* 6:15–51.

Rewald, J. 1973. *The History of Impressionism*. 4th rev. ed. New York: Museum of Modern Art.

Riegl, A. 2000. The Group Portraiture of Holland. Trans. E. M. Kain and D. Britt. 1902; reprint, Los Angeles: Getty Center for the History of Art and Humanities.

Rosenblum, Robert. 1961. "The Abstract Sublime." *ARTnews* 59 (10):38–41,56,58.

Rosenberg, Harold. 1952. "The American Action Painters." *ARTnews* 51 (8) (December), 22.

Ross, C. 1991. *Abstract Expressionism: Creators and Critics: An Anthology*. New York: Abrams.

Rubin, W. 1989. *Picasso and Braque: Pioneering Cubism*. New York: Museum of Modern Art.

Sacks, O. 1985. *The Man Who Mistook His Wife for a Hat*. New York: Summit Books [『妻を帽子とまちがえた男』高見幸郎、金沢泰子訳、早川書房、2009年].

Sandback, F. 1982. *74 Front Street: The Fred Sandback Museum, Winchendon, Massachusetts*. New York: Dia Art Foundation.

———. 1991. *Fred Sandback: Sculpture*. Yale University Art Gallery, New Haven, Conn., in association with Contemporary Arts Museum, Houston, Texas, 1991. Texts by Suzanne Delehanty, Richard S. Field, Sasha M. Newman, and Phyllis Tuchman.

———. 1995. Introduction to *Long-Term View* (installation). Dia Beacon. http://www.diaart.org/exhibitions/introduction/95.

———. 1997. Interview by Joan Simon. Bregenz: Kunstverein.

Sathian, K., S. Lacey, R. Stilla, G. O. Gibson, G. Deshpande, X. Hu, S. Laconte, and C. Glielmi. 2011 "Dual Pathways for Haptic and Visual Perception of Spatial and Texture Information." *Neuroimage* 57:462–475.

Schjeldahl, P. 2011. "Shifting Picture: A de Kooning Retrospective." *The New Yorker*, September 26.

Schrödinger, E. 1944. *What Is Life?* Cambridge: Cambridge University Press [『生命とは何か——物理的にみた生細胞』岡小天、鎮目恭夫訳、岩波書店、2008年].

Shlain, L. 1993. *Art and Physics: Parallel Visions in Space, Time, and Light*. New York: HarperCollins.

Sinha, P. 2002. "Identifying Perceptually Significant Features for Recognizing Faces." *SPIE Proceedings Vol. 4662: Human Vision and Electronic Imaging* VII. San Jose, California.

Smart, A. 2014. "Why Are Monet's Water Lilies So Popular?" *The Telegraph*, October 18.

Smith, R. 2015. "Mondrian's Paintings and Their Pulsating Intricacy." *New York Times*, August 20, C23.

Snow, C. P. 1961. *Two Cultures and the Scientific Revolution: Rede Lecture* 1959. Cam-

bridge: Cambridge University Press .

————. 1963. *The Two Cultures and a Second Look*. Cambridge: Cambridge University Press [『二つの文化と科学革命』（新装版）松井巻之助訳、みすず書房、2011 年].

Solomon, D. 1994. "A Critic Turns 90; Meyer Schapiro." *New York Times Magazine*, August 14.

Solso, R. L. 2003. *The Psychology of Art and the Evolution of the Conscious Brain*. Cambridge, Mass.: MIT Press.

Spies, W. 2011. *The Eye and the World: Collected Writings on Art and Literature*. Vol. 6: Surrealism and Its Age. New York: Abrams.

————. 2011. *The Eye and the World: Collected Writings on Art and Literature*. Vol. 8: Between Action Painting and Pop Art. New York: Abrams.

————. 2011. *The Eye and the World: Collected Writings on Art and Literature*. Vol. 9: From Pop Art to the Present. New York: Abrams.

Squire, L. and E. R. Kandel. 2000. *Memory: From Mind to Molecules*. New York: Scientific American Books [『記憶のしくみ』（上・下）小西史朗、桐野豊監訳、講談社、2013 年].

Starr, G. 2014. "Neuroaesthetics: Art." In *The Oxford Encyclopedia of Aesthetics, Second Edition*, ed. Michael Kelly, 4:487–491. New York: Oxford University Press.

Stevens, M., and A. Swan. 2005. *De Kooning: An American Master*. New York: Random House.

Strand, Mart. 1984. *Art of the Real: Nine Contemporary Figurative Painters*. New York: Clarkson N. Potter.

Tanaka, K., H. Saito, Y. Fukada, and M. Moriya. 1991. "Coding Visual Images of Objects in the Inferotemporal Cortex of the Macaque Monkey." *Journal of Neurophysiology* 66 (1):170–189.

Taylor, R. P., B. Spehar, P. Van Donkelaar, and C. M. Hagerhall. 2011. "Perceptual and physiological responses to Jackson Pollock's Fractals." *Frontiers in Human Neuroscience* 5:60.

Tomkins, C. 2003. "Flying Into the Light: How James Turrell Turned a Crater Into His Canvas." *The New Yorker* 78 (42) (January 13).

Tovee, M. J., E. T. Rolls, and V. S. Ramachandran. 1996. "Rapid Visual Learning

in Neurons of the Primate Temporal Visual Cortex." *Neuroreport* 7:2757–2760.
Treisman, A. 1986. "Features and Objects in Visual Processing." Scientific American 255 (5):114–225.
Trope, Y., and N. Liberman. 2010. "Construal-Level Theory of Psychological Distance." *Psychological Review* 117 (2):440–463.
Tsao, D. Y., N. Schweers, S. Moeller, and W. A. Freiwald. 2008. "Patches of Face-Selective Cortex in the Macaque Frontal Lobe." *Nature Reviews Neuroscience* 11:877–879.
Tully, T., T. Preat, C. Boynton, and M. Delvecchio. 1994. "Genetic Dissection of Consolidated Memory in *Drosophila melanogaster*." *Cell* 79:35–47.
Tversky, A., and D. Kahneman. 1992. "Advances in Prospect Theory: Cumulative Representation of Uncertainty." *Journal of Risk and Uncertainty* 5:297–323.
Ungerleider, L. G., J. Doyon, and A. Karni. 2002. "Imaging Brain Plasticity During Motor Skill Learning." *Neurobiology of Learning and Memory* 78:553–564.
Upright, D. 1985. *Morris Louis: The Complete Paintings*. New York: Abrams.
Varnedoe, K. 1999. "Open-ended Conclusions About Jackson Pollock." In *Jackson Pollock: New Approaches*, ed. Kirk Varnedoe and Pepe Karmel, 245. New York: The Museum of Modern Art.
Warhol, A. and P. Hackett. 1980. *Popism: The Warhol Sixties*. New York: Harcourt Brace Jovanovich.
Watson, J. D. 1968. *The Double Helix: A Personal Account of the Discovery of the Structure of DNA*. New York: Atheneum［『二重らせん』江上不二夫、中村桂子訳、講談社、2012 年］.
Wilson, E. O. 1977. "Biology and the Social Sciences." *Daedalus* 2:127–140.
Witzel, C. 2015. "The Dress: Why Do Dierent Observers See Extremely Different Colors in the Photo?" http://lpp.psycho.univ-paris.fr/feel/?page_id=929.
Wurtz, R. H., and E. R. Kandel. 2000. "Perception of Motion, Depth and Form." In *Principles of Neural Science IV*. [[[City:]]] McGraw-Hill.
Vessel, E. A., G. G. Starr, and N. Rubin. 2012. "The Brain on Art: Intense Aesthetic Experience Activates the Default Mode Network." *Frontiers in Human Neuroscience* 6:66.
Yin, J. C. P., J. S. Wallach, M. Delvecchio, E. L. Wilder, H. Zhuo, W. G. Quinn,

and T. Tully. 1994. “Induction of a Dominant Negative CREB Transgene Specifically Blocks Long-Term Memory in *Drosophila*.” *Cell* 79:49–58.

Zeki, S. 1998. “Art and Brain.” Daedalus 127:71–105.

————. 1999. *Inner Vision: An Exploration of Art and the Brain*. Oxford: Oxford University Press [『脳は美をいかに感じるか——ピカソやモネが見た世界』河内十郎監訳、日本経済新聞社、2002年].

————. 1999. “Art and the Brain.” *Journal of Consciousness Studies* 6:76–96.

Zilczer, J. 2014. *A Way of Living: The Art of Willem de Kooning*. New York: Phaidon Press.

巻末注

はじめに

＊1　該当論文中でC・P・スノーは、とりわけ文学的知識人である人文系の学者に焦点を置いていた。しかし論文は、すべての人文主義者に適用されるものであり、事実これまで、一般にはより広く解釈されてきた（たとえばWilson 1977、Ramachandran 2011を参照されたい）。
＊2　「抽象表現主義」という用語には、実のところ長い歴史があり、一九一九年にドイツの雑誌『*Der Strum*』で、ドイツの表現主義に言及して用いられたのが最初である。一九二九年、ニューヨーク近代美術館の初代館長であったアルフレッド・バーは、ワシリー・カンディンスキーの作品に対してこの用語を使った。一九四六年、美術評論家のロバート・コーツによって、初めてニューヨーク派に言及して用いられた。

C・P・スノーは、一九六三年に刊行された『二つの文化と科学革命』で、一九五九年に行なったリード講演をフォローアップしている。ここで強調しておきたいのは、この二冊目の著書で、二つの文化を仲介する第三の文化があり得るとする考えをスノーが提起している点だ。第三の文化という概念については、ジョン・ブロックマンが『第三の文化――科学革命を超えて（*The Third Culture: Beyond the Scientific Revolution*）』（一九九五）で詳しく敷衍している。

私は、具象アートと科学について取り上げた著書『芸術・無意識・脳――精神の深淵へ：世紀末ウィーンから現代まで』で、二つの文化について以下のように論じた。

> スノーの講演以来数十年が経過するうちに、次のような事情もあって二つの文化を隔てる溝は狭まってきた。一つは、『二つの文化と科学革命』第二版の結語によるものだ。そこで彼は、彼の講演に対する

さまざまな反応について論じ、科学者と人文主義者の対話を仲介する第三の文化の可能性に言及して次のように述べている。「しかしうまくいけば、大勢の教養人を教育して、アートと科学の両方における想像的な経験のみならず、応用科学の効用、多数の同胞が受けている苦痛の軽減、ひとたび視野に入れば否定することのできない責任などについて気づかせることができるだろう」

それから三〇年後、ジョン・ブロックマンは著書『第三の文化』で、スノーの考えを発展させた。二つの文化の溝を埋めるためのもっとも効果的な方法は、教養ある読者が容易に理解できるような言葉で、一般読者向けの文章を書くよう科学者を促すことだと、ブロックマンは強調する。現在この試みは、書籍、ラジオ番組、テレビ番組、インターネットなどのメディアで実際に行なわれている。すぐれた科学が、それを生んだ科学者自身によって一般の人々にうまく伝えられるようになったのだ（Kandel 2013, 502)。生物学における還元主義に関しては次の文献を参照されたい。

Crick, Francis. 1966. *Of Molecules and Men*. Seattle: University of Washington Press [『分子と人間』玉木英彦訳、みすず書房、1970 年].

Squire, L. and E. R. Kandel 2008. *Memory: From Mind to Molecules*. 2nd ed. Englewood, Colo.: Roberts and Co. [『記憶のしくみ』（上・下）小西史朗, 桐野豊監訳、講談社、2013 年].

第１章　ニューヨーク派の誕生

ニューヨーク派と、パリからニューヨークへのアートの中心の移動については、次の文献を参照されたい。

Greenberg, C. 1955. "American Type Painting." *Partisan Review* 22: 179–196. Reprinted in *Art and Culture* (Boston: Beacon, 1961, 208–229).

Rosenberg, Harold. 1952. "The American Action Painters." *Art News* (December).

Schapiro, M. 1994. *Theory and Philosophy of Art: Style, Artist, and Society*. New York: George Braziller.

第２章　アートの知覚への科学的アプローチの適用

Kandel, E. R. 2012. *The Age of Insight: The Quest to Understand the Unconscious in Art, Mind, and Brain from Vienna 1900 to the Present*. New York: Random House [『芸術・無意識・脳――精神の深淵へ：世紀末ウィーンから現代まで』須田年生，須田ゆり訳、九夏社、2017 年].

Riegl, A. 2000. *The Group Portraiture of Holland*. Trans. E. M. Kain and D. Britt. 1902; reprint, Los Angeles: Getty Research Institute for the History of Art and the Humanities.

第３章　鑑賞者のシェアの生物学（アートにおける視覚とボトムアップ処理）

Albright, T. 2015. "Perceiving." *Daedalus* (winter 2015): 22–41.

Freiwald, W. A., and D. Y. Tsao. 2010. "Functional Compartmentalization and Viewpoint Generalization Within the Macaque Face-Processing System." *Science* 330:845–851.

Gilbert, C. 2013. "Top-Down Inluences on Visual Processing." *Nature Reviews Neuroscience* 14:350–363.

Zeki, S. 1999. *Inner Vision: An Exploration of Art and the Brain*. Oxford: Oxord University Press [『脳は美をいかに感じるか――ピカソやモネが見た世界』河内十郎監訳、日本経済新聞社、2002 年].

第４章　学習と記憶の生物学（アートにおけるトップダウン処理）

Kandel, E. R. 2006. *In Search of Memory: The Emergence of a New Science of Mind*. New York: Norton.

Kandel, E. R., Y. Dudai, and M. R. Mayford, eds. 2016. *Learning and Memory*. Cold Spring Harbor, N.Y.: Cold Spring Harbor Laboratory Press.

第５章　抽象アートの誕生と還元主義

Gooding, M. 2000. *Abstract Art*. London: Tate Gallery.

第6章　モンドリアンと具象イメージの大胆な還元

Lipsey, R. 1988. *An Art of Our Own: The Spiritual in Twentieth-Century Art*. Boston and Shaesbury: Shambhala.

Spies, W. 2010. *Path to the Twentieth Century: Collected Writings on Art and Literature*. New York: Abrams.

Zeki, S. 1999. *Inner Vision: An Exploration of Art and the Brain*. Oxford: Oxford University Press, chapter 12 [『脳は美をいかに感じるか――ピカソやモネが見た世界』河内十郎監訳、日本経済新聞社、2002 年].

第7章　ニューヨーク派の画家たち

Naifeh, S. and G. Smith. 1989. *Jackson Pollock: An American Saga*. New York: Potter.

Stevens, M. and A. Swan. 2005. *De Kooning: An American Master*. New York: Random House.

第8章　脳はいかにして抽象イメージを処理し知覚するのか

Albright, T. 2015. "Perceiving." *Daedalus* (winter 2015):22–41.

第9章　具象から色の抽象へ

Breslin, J.E.B. 1993. *Mark Rothko: A Biography*. Chicago: University of Chicago Press [『マーク・ロスコ伝記』木下哲夫訳、ブックエンド、2019 年].

Princenthal, N. 2015. *Agnes Martin: Her Life and Art*. New York: Thames & Hudson.

第10章　色と脳

Zeki, S. 2008. *Splendors and Miseries of the Brain: Love, Creativity, and the Quest for Human Happiness*. Hoboken, N.J.: Wiley-Blackwell.

第 11 章　光に焦点を絞る

Miller, D., ed. 2015. *Whitney Museum of American Art: Handbook of the Collection*. New York: Whitney Museum.

Spies, W. 2011.*The Eye and the World: Collected writings on Art and Literature*. Vol. 8: Between Action Painting and Pop Art. New York: Abrams.

第 12 章　具象アートへの還元主義の影響

Fortune, B. B., W. W. Reaves, and D. C. Ward. 2014. *Face Value: Portraiture in the Age of Abstraction*. Washington, D.C.: GILES in association with the National Portrait Gallery, Smithsonian Institution.

第 13 章　なぜアートの還元は成功したのか？

Gombrich, E. H. 1982. *The Image and the Eye: Further Studies in the Psychology of Pictorial Representation*. London: Phaidon［『イメージと目』白石和也訳、玉川大学出版部、1991 年］.

第 14 章　二つの文化に戻る

Kandel, E. R. 1979. "Psychotherapy and the Single Synapse: The Impact of Psychiatric Thought on Neurobiologic Research." *New England Journal of Medicine* 301:1028–1037.

Wilson, E. O. 1977. "Biology and the Social Sciences." *Daedalus* 2:127–140.